カラー図解 最新

Raspberry Pi で学ぶ 電子工作

ラズベリー パイ

ラズパイ5 対応

金丸隆志 著

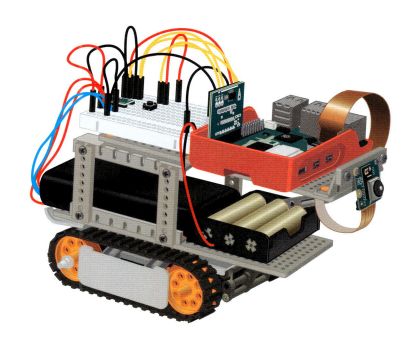

技術評論社

必ずお読みください

本書の執筆の際、以下の機器やシステムを用いて動作を確認しました。

- Raspberry Pi …… Raspberry Pi 5、Raspberry Pi 4 Model B、Raspberry Pi Zero 2 W。そのほか、Wifi機能のある機種で動作するよう記述しています。ただし、Raspberry Pi Zero系の機種での演習の実行には、サポートサイトでの補足が必要な場合があります。
- OS ……………… 2024-07-04にリリースされたRaspberry Pi OSの64-bit版および32-bit版（Bookworm）。さらに、同日リリースのLegacy OSの32-bit版（Bullseye）。

本書記載の情報は2024年9月上旬時点のものを掲載していますので、ご利用時には、変更されている場合があります。なお、OSの更新などにより本書の演習実行手順に変更が必要となるときは、下記に掲載する本書のサポートページに、最新の情報を掲載していく予定です。

本書は、パソコンやインターネットの一般的な操作を一通りできる方を対象にしているため、基本操作などは解説しておりません。あらかじめご了承ください。電子部品や工具などを使う際は、怪我などをされぬようご注意ください。また、コンピュータという機器の性格上、本書はコンピュータ環境の安全性を保証するものではありません。著者ならびに技術評論社は、本書で紹介する内容の運用結果に関していっさいの責任を負いません。本書の内容をご利用になる際は、すべて自己責任の原則で行ってください。

著者ならびに技術評論社は、本書に掲載されていない内容についてのご質問にはお答えできません。また、電話によるご質問にはいっさいお答えできません。あらかじめご了承ください。

本書のサポートページについて

https://gihyo.blogspot.com

サポートページでは、以下を行っています。

- 本書で実行するコマンドをコピー＆貼り付け可能な形で掲載
- 本書で紹介したインターネット上のアドレスをリンク形式で掲載
- Raspberry Pi Zero系の機種への対応情報の掲載
- 将来的なRaspberry Pi OSの更新や、新モデルのRaspberry Piの発売にともなう、本書の演習実行手順への影響や対応策の掲載
- 正誤情報の掲載

※ 本書で紹介される団体名、会社名、製品名などは、一般に各団体、各社の商標または登録商標です。本書では™、®マークは明記していません。

はじめに

●人気の衰えないRaspberry Pi

Raspberry Pi（ラズベリーパイ）は2012年に英国で誕生した、名刺サイズの超小型コンピュータです。もともとは情報工学を専攻する大学生がコンピュータやプログラミングを学ぶための教材として作られました。実際には小学生へのプログラミング教育にも使われるほどの手軽さです。

Raspberry Piには、高性能な新バージョンが定期的に登場しており、2023年9月に海外で販売されたRaspberry Pi 5（以後Pi 5）は一般的なPCとしても使えるほどの高い能力を持つに至っています。発売から長い期間がたったにも関わらず、Raspberry Piの人気は高まる一方です。

Raspberry Piのように基板一枚からなるコンピュータは「シングルボードコンピュータ」と呼ばれ、これまでもエンジニア向けにたくさん存在していました。しかし、それらの「プロ向け」の小型コンピュータとは異なり、Raspberry Piは初心者でも取り扱えるような工夫がたくさんなされています。

例えば、OS（オペレーティングシステム）のインストールや設定が容易であること、OSのインストールが終わったらすぐに使い始められるよう、グラフィック環境やブラウザなどの便利なアプリケーションが初めからインストールされていること、などです。このように初心者に親切な点がRaspberry Piの人気が長く続く秘訣の一つでしょう。

このRaspberry Piを用いて、本書では「電子工作」、「プログラミング」、「Linux系OS」に触れていきましょう。

●電子工作をRaspberry Pi上で学ぼう

Raspberry Piには、モーターや発光ダイオードなどの電子工作用のパーツを直接つないで制御できるという特徴があります。通常のコンピュータでこれを行おうとすると、別途「マイコン」と呼ばれるものが必要になることが多いです。それに対し、電子部品を直接つなげるRaspberry Piは多くの電子工作ファンに愛用されています。

この電子工作をRaspberry Pi上で学ぼう、というのが本書の目的です。すでに紹介したモーターや発光ダイオードだけではなく、スイッチ、センサ、カメラなどをプログラミングにより制御します。言語は初心者にも学びやすいPython（パイソン）という言語を用います。

さらに、Raspberry Piはインターネットに接続してサーバーとなることも得意としています。この機能を用いて、スマートフォンやタブレット（Android/iPhone/iPad/Windows）、通常のPC（Windows/macOS）からRaspberry Pi上の回路を制御することを実現します。そしてそれを利用し、スマートフォンやPCからラジコンのように操作可能な模型を作成します。

●Linux系OSを用いてコンピュータを楽しもう

皆さんの多くはコンピュータに搭載されているOSとしてWindowsやmacOSを思い浮かべるかもしれません。一方、Raspberry Piでは多くの場合OSとしてLinux（リナックス）ベースのものが用いられます。本書ではこれをLinux系OSと呼びます。Androidスマートフォンの核

（カーネル）の部分や一部の家電にLinuxが使われていると聞いたことがある方もいるのではないでしょうか。

　そのため、Raspberry Piで電子工作を学ぶということは、Linux系OSの利用法を学ぶということも意味します。普段使っているOSはWindowsかmacOSで、Linux系OSの利用は初めて、という方も多いと思いますが、普段と異なるコンピュータ体験を楽しみながら学習を進めていきましょう。

　ここまでに紹介した「電子工作」、「プログラミング」、「Linux系OS」が未体験、という方でも大きなトラブルに陥らないためのガイドとなることを本書では目指しています。皆さんがこれらの分野に興味を持ち、さらに学習を進めていくためのお手伝いができれば幸いです。

●Raspberry Pi 5と電子工作

　すでに述べたように、Pi 5は2023年9月に海外で登場したのですが、発売当初にPi 5を電子工作に用いるにはいくつかの難点がありました。半導体不足により入手が困難だったこと、ハードウェアの仕組みが変わったことによりこれまでの電子工作用プログラムの多くが動作しなくなっていたこと、Pi 5に適した高性能な電源を入手しにくかったこと、などです。しかし、2024年2月に日本で発売される頃には、半導体不足の問題は解消に向かっていましたし、プログラムの互換性の問題も新しい手法の普及によりトラブルは少なくなりました。2024年8月にスイッチサイエンスがPi 5対応のACアダプタを発売したことで、電源の問題も解決に向かっていくでしょう。今がまさに、Pi 5の使いどきといえるのです。

●本書の位置づけ

　本書の最初のバージョンは、2014年に講談社ブルーバックスから刊行されました。幸い好評を博し、Raspberry Piのバージョンアップに合わせて改訂を続けて来られました。今回、プログラムをPi 5に対応させるための大改訂を行うにあたって、技術評論社に移籍して刊行することになりました。引き続き読者の皆さんにご愛読いただけると幸いです。

　この新版のために尽力してくださった関係者の皆さん、そして筆者を支えてくれる母に感謝します。

2024年8月　金丸隆志

目 次

Contents

はじめに...iii

第 1 章　Raspberry Piとは何か　　　　　　　　　1

1.1 Raspberry Piの誕生...2
1.2 Raspberry Piが人気を集めた理由...3
　1.2.1 できることが増えていくコンピュータ..3
　1.2.2 存在しない機能はプログラミングで実現していた.................3
　1.2.3 プログラミング学習と電子工作に適したRaspberry Pi........4
　1.2.4 Makerムーブメントによるものづくりの流行とRaspberry Pi.......5
1.3 Raspberry Piの特徴...7
1.4 Raspberry Piとマイコンとの違い...10
　COLUMN　人気の衰えないRaspberry Pi....................................11

第 2 章　Raspberry Pi用のOSのインストール　　13

2.1 本章で必要なもの..14
　2.1.1 Raspberry Pi..15
　2.1.2 32GB以上のmicroSDカード...17
　2.1.3 インターネットに接続されたPC...18
　2.1.4 USBキーボードとUSBマウス..18
　2.1.5 USB接続の電源（流すことのできる電流の最大値に注意）..............19
　2.1.6 ディスプレイおよびケーブル..21
　2.1.7 Raspberry Pi用のケース..23
　2.1.8 ネットワーク接続環境...24
2.2 microSDカードへのOSのインストール...............................25
　2.2.1 Raspberry Pi Imagerのダウンロードとインストール.................25
　2.2.2 Raspberry PiのOSをmicroSDカードにインストールする..........27
　2.2.3 microSDカードのフォーマット（必要に応じて）.......................31
2.3 Raspberry Piへの電源の接続..32
　2.3.1 Raspberry Piへの周辺機器の接続...32

v

2.3.2 Raspberry Piへの電源の接続 33
2.4 インストール後の設定 34
2.4.1 設定ウィザードによるRaspberry Piの設定 34
2.4.2 デスクトップの様子 38
2.4.3 Raspberry Piの電源を切る方法 40

第 3 章 電子工作の予備知識および Raspberry Piによる LEDの点灯 41

3.1 本章で必要なもの 42
3.1.1 抵抗（330Ω）と赤色LED 43
COLUMN 秋月電子通商のパーツセット 44
3.1.2 ブレッドボード 44
3.1.3 ブレッドボード用ジャンパーワイヤ（ジャンプワイヤ）
（オス－メス） 44
3.1.4 ブレッドボード用ジャンパーワイヤ（ジャンプワイヤ）
（オス－オス） 45
3.2 電子工作を学ぶ上で必要な予備知識 46
3.2.1 電流と電圧 46
3.2.2 抵抗 48
3.2.3 電位とグラウンド 49
3.2.4 オームの法則 50
3.3 Raspberry Piを用いたLEDの点灯回路の実現 51
3.3.1 LEDとは 51
3.3.2 LEDを点灯する回路 52
3.3.3 Raspberry Pi上のGPIOポート 52
3.3.4 ブレッドボードの内部構造 55
3.3.5 回路の接続 55
3.3.6 LEDの電流制限抵抗の計算 58
3.4 抵抗のカラーコード 60

第 4 章 プログラミングによる LEDの点滅 63

4.1 本章で必要なもの 64
4.2 LEDの点滅をどのように実現するか 65
4.2.1 LED点滅のための回路 65
4.3 LED点滅のためのプログラムの記述 68
4.3.1 Pythonの開発環境Thonnyの起動 68

4.3.2 LED点滅のためのプログラムの記述	69
4.3.3 LED点滅プログラムの実行	72
4.3.4 LED点滅プログラムの終了と警告への対応	74

第 5 章　タクトスイッチによる入力　　79

5.1	本章で必要なもの	80
5.2	タクトスイッチを用いた回路	82
	5.2.1 タクトスイッチの構成	82
	5.2.2 タクトスイッチの誤った利用法	82
	5.2.3 プルダウン抵抗とプルアップ抵抗	83
5.3	タクトスイッチでLEDを点灯してみよう	86
5.4	Raspberry Pi内部のプルダウン抵抗の利用	91
5.5	イベント検出によるトグル動作	93
	5.5.1 トグル動作の理解のための予備知識	93
	5.5.2 トグル動作を実現するプログラム	94
	COLUMN　ソフトウェア寄りの記述とハードウェア寄りの記述	99
5.6	タクトスイッチをカメラのシャッターにしてみよう（オプション、要ネットワーク）	100
5.7	タクトスイッチでのMP3ファイルの再生と停止（要ネットワーク）	104
5.8	タクトスイッチでRaspberry Piをシャットダウン	106

第 6 章　AD変換によるアナログ値の利用　　107

6.1	本章で必要なもの	108
6.2	AD変換とは何か	110
	6.2.1 2つの状態だけでは表されない量	110
	6.2.2 アナログ・デジタル・AD変換	110
	6.2.3 AD変換されたデジタル量をRaspberry Piで読み取る	111
6.3	半固定抵抗を用いた回路	113
	6.3.1 半固定抵抗とは	113
	6.3.2 半固定抵抗を用いた回路	114
	6.3.3 半固定抵抗の値を読み取るプログラム	115
	COLUMN　MCP3208の抜き差しに注意	118

6.4	フォトレジスタを用いた回路	119
6.4.1	回路の変更点	119
6.4.2	フォトレジスタを用いた回路のプログラム	120
6.4.3	まとめ	121
6.5	半固定抵抗で音声のボリュームを変更する （要ネットワーク）	122

第 7 章　I2C デバイスの利用　123

7.1	本章で必要なものと準備	124
7.1.1	用いる物品に関する補足	124
7.1.2	Raspberry Piで I2C 通信を行うための準備	126
7.2	I2C 接続するデバイスの例：温度センサ ADT7410	127
7.2.1	I2C とは	127
7.2.2	ADT7410 使用温度センサモジュールの利用	128
7.3	I2C 接続するデバイスの例：小型LCD	132
7.4	小型LCD にカタカナを表示する	138
7.5	温度センサで読み取った値を LCD に表示する デジタル温度計	140
7.6	デジタル温度計用プログラムの自動実行（上級者向け）	141
7.7	入手しやすい I2C 接続のセンサ用サンプルファイル	144

第 8 章　PWMの利用　145

8.1	本章で必要なもの	146
8.2	PWM とは何か	149
8.2.1	疑似アナログ出力としての PWM 信号	150
8.2.2	PWM 信号のサーボモーターへの適用	150
8.2.3	Raspberry Pi で PWM 信号を用いる際の注意	151
8.3	PWM 信号による LED の明るさ制御	154
8.4	RGBフルカラーLED の色を変更しよう	157
8.5	PWM 信号による DC モーターの速度制御	161
8.6	PWM 信号によるサーボモーターの角度制御	168
8.6.1	精度の高いハードウェア PWM 信号を出力	168

viii

| | **8.6.2** | サーボモーターの角度制御 | 168 |
| | **8.6.3** | PWM信号でサーボモーター2個を同時に用いる | 174 |

第 9 章　FastAPIを用いたPCやスマートフォンとの連携（要ネットワーク） 175

9.1	本章で必要なもの	176
9.2	FastAPIを用いるための準備	178
	9.2.1 本章で必要とするネットワーク構成	178
	9.2.2 FastAPIのインストール	179
9.3	ブラウザのボタンによるLEDの点灯	183
	9.3.1 動作させるための手順	183
	9.3.2 動作確認	184
	9.3.3 演習で用いるサンプルファイルについての解説	185
9.4	ブラウザへの温度センサの値の表示	190
	9.4.1 動作させるための手順	190
	9.4.2 動作確認	191
	9.4.3 演習で用いるサンプルファイルについての解説	191
9.5	ブラウザのスライダの利用～RGBフルカラーLED	193
	9.5.1 動作させるための手順	193
	9.5.2 動作確認	194
	9.5.3 演習で用いるサンプルファイルについての解説	195
9.6	タッチイベントの利用～DCモーターの速度制御	198
	9.6.1 動作させるための手順	198
	9.6.2 動作確認	199
	9.6.3 演習で用いるサンプルファイルについての解説	200
9.7	ブラウザによるサーボモーターの制御	203
	9.7.1 動作させるための手順	203
	9.7.2 動作確認	204
	9.7.3 演習で用いるサンプルファイルについての解説	205

第 10 章　FastAPIを用いたキャタピラ式模型の操作（要ネットワーク） 207

10.1	本章で必要なもの	208
10.2	TAMIYA工作キットで機体を作成	210
	10.2.1 機体の概要	210
	10.2.2 各キットの組み立ての注意	214

10.3	**ツインモーターギヤーボックスの動作確認**		216
	10.3.1	動作させるための手順	216
	10.3.2	動作確認	217
	10.3.3	機体搭載前の注意	219
10.4	**キャタピラ式模型にカメラを搭載しよう（オプション）**		224
	10.4.1	必要なアプリケーションのインストール	224
	10.4.2	動作確認	225
	10.4.3	カメラの機体への取り付け	228
10.5	**キャタピラ式模型に搭載したカメラを上下に動かす（オプション）**		230
	10.5.1	準備	230
	10.5.2	組み立て	230
	10.5.3	動作させるための手順	232
	10.5.4	動作確認	233

付 録 235

付録A	ネットワークへの接続	236
付録B	プログラムが記述されたサンプルファイルのダウンロード	237
付録C	Thonnyを用いない開発方法（上級者向け）	240
	C.1 エディタの設定	240
	C.2 プログラムの実行方法	241
	C.3 タブによる補完	241
付録D	IPアドレスを用いずにRaspberry Piにアクセスする	242
付録E	日本語入力ソフトのインストール	243
付録F	青色LEDに順方向電圧をかけて点滅させる（上級者向け）	244
	F.1 トランジスタを用いた回路	245
	F.2 抵抗値の決定方法	248

おわりに	249
参考文献	249
索引	251

第 1 章

Raspberry Pi とは何か

- 1.1 Raspberry Pi の誕生
- 1.2 Raspberry Pi が人気を集めた理由
- 1.3 Raspberry Pi の特徴
- 1.4 Raspberry Pi とマイコンとの違い

1.1 Raspberry Piの誕生

　Raspberry Pi(ラズベリーパイ)は、およそ1万円前後で購入できる名刺サイズの超小型コンピュータです（**図1-1**）。一見皆さんが普段使うパソコンとは異なるように見えるかもしれませんが、キーボードやマウス、ディスプレイを接続すると通常のコンピュータと同じように扱えます。たとえばメールを読んだり、オフィス文書を作成したり、音楽を聴いたり動画を見たり、ということができます。Raspberry Piは基板1枚で動作するコンピュータですから、シングルボードコンピュータと呼ばれることもあります。

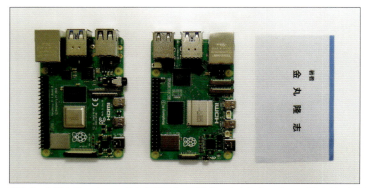

図1-1　主要なRaspberry Piと名刺のサイズ比較。左からRaspberry Pi 4 Model B、Raspberry Pi 5

　Raspberry Piはコンピュータサイエンスのエンジニア Eben Upton 氏のアイディアから生まれました。当初は1万台程度の生産を考えていたそうですが、発売前からすでに10万人以上が購入希望者としてメーリングリストに登録しており、2012年初頭の発売当初からしばらくは入手困難な日が続くほどの人気でした。人気はそのまま継続し、2022年2月の時点で累計4,600万台が出荷されたといわれています。その間、性能が向上したバージョンであるRaspberry Pi 2からRaspberry Pi 5が継続的に発表され、さらに、安価な価格帯のRaspberry Pi Zeroシリーズも2015年11月にラインナップに加わりました。そのたびに世界中で大きなニュースとなり、Raspberry Piの人気を実感させられます。また2024年6月、Raspberry Piの開発や生産などを担う営利企業が「Raspberry Pi Holdings plc」としてロンドン証券取引所に上場し、強い関心をもって受け入れられました。今後もRaspberry Piがニュースを賑わしていくことでしょう。

　なぜRaspberry Piがこれほどまでの人気を集めているのでしょうか。それには、コンピュータの普及や進化に伴い、コンピュータが洗練され使いやすくなったことが関係しています。それはどういうことかを見ていきましょう。

1.2 Raspberry Piが人気を集めた理由

1.2.1 できることが増えていくコンピュータ

現在、コンピュータはオフィスや家庭でさまざまな用途で使われています。メールのやり取りやインターネットでの調べ物、ワープロソフトでの文書作成、音楽鑑賞、動画の閲覧などです。このようなコンピュータの普及は1990年代から2000年代にかけて、特に常時インターネットにアクセスする環境が整ってから急速に進みました。インターネットとコンピュータを日常的に触りながら成長した子供達を表す「デジタルネイティブ」という言葉も登場したほどです。さらに近年はスマートフォンやタブレットデバイスが急速に浸透しつつありますので、私達の生活でコンピュータが便利に活躍する場面はますます増えていくでしょう。

その一方で、コンピュータの使われ方に以前と異なる点が出てきました。それは、一般ユーザーがコンピュータ上でプログラミングをする機会が減ってきたことです。

1.2.2 存在しない機能はプログラミングで実現していた

「プログラミング」というと身構えてしまう方も多いかもしれませんが、かつてはコンピュータに存在しない機能はプログラミングにより実現することが普通に行われていました。いくつか例を見てみましょう。

画像掲示板とプログラミング

最初の例は、画像掲示板とプログラミングについてです。たとえば、あなたはカメラできれいな風景を撮影したので、インターネットに公開してたくさんの人に見てもらおうとしているとしましょう。このような場合、インターネットに画像をアップロードすることができ、それを見た人がコメントを残せるような掲示板があると便利です。

今ではそのようなサービスはブログやSNS（ソーシャルネットワーキングサービス）として実現していますが、1990年代にはありませんでした。ですから、まずはインターネット上に写真を投稿できる「画像掲示板」を用意しなければなりませんでした。

そうした需要が増えてきた頃は画像掲示板を実現するプログラムの配布や、無料掲示板サービスなどが提供されるようになりました。しかし、初期の頃は画像掲示板のプログラムを自作する必要がありました。そのプログラムは、インターネットのサーバー上で動作するもので、ユーザーから画像とコメントの投稿を入力として受け取ることができ、他の人が閲覧できる、というものでした。

第1章 Raspberry Piとは何か

ゲームとプログラミング

　もう1つの例は、ゲームとプログラミングについてです。1980年代は、コンピュータでゲームをすることが流行していました。もちろん市販のゲームもあるのですが、子供が頻繁に購入できるものではないので、ゲームのプログラムを自分で打ち込んで遊ぶ、ということが行われていました。当時はゲームのプログラムを掲載した雑誌があり、それをそのまま打ち込むことでゲームを遊ぶことができたのです。

　このように、コンピュータの普及が進む現在までには、コンピュータを使うこととプログラミングすることが密接に結びついていた時期がありました。

便利な「道具」となりつつあるコンピュータ

　現在ではどうでしょうか。画像の共有は、すでに紹介したようにブログやSNSなどで実現されており、マウスでブラウザ上のボタンを数回クリックするだけで画像を公開できます。ゲームも有料・無料を問わずたくさんの種類があり、自分でゲームをプログラミングして遊ぶという人は、かつてに比べて少ないのではないでしょうか。このように、現在コンピュータを使う際、便利なサービスやアプリケーション、ゲームなどがすでに市場にあふれており、一般ユーザーがプログラミングを行う必要性はどんどん減っています。

　また、コンピュータそのものの位置づけも以前から変化しつつあります。一般的に普及する前、コンピュータは趣味人向けの側面が強く、コンピュータのパーツを個別に購入して1台のコンピュータを組み上げる「自作」や、パーツの交換による性能の向上などが日常的に行われていました。そのような人たちにとってコンピュータはいろいろと手を加えて遊ぶ「おもちゃ」に近いものだったといえるかもしれません。

　もちろん現在でもそのような用途のコンピュータはあります。しかし、ノートパソコンに代表される小型のコンピュータでは内部に手を加えることはほとんどできませんし、タブレットやスマートフォンについても同様です。

　このように手を加えることの難しいコンピュータは、かつての「おもちゃ」と異なり、何かの目的を達成するための「道具」に近くなったといえるでしょう。これを言い換えると、コンピュータが「道具」として洗練されるに従って、コンピュータの「おもちゃ」としての側面が失われているということになります。

1.2.3 プログラミング学習と電子工作に適した Raspberry Pi

　Raspberry Piの生みの親、Eben Upton氏がケンブリッジ大学で勤務していたときも、「学生のプログラミング経験が昔に比べて減っていた」と述べています。筆者の周囲でも、流体の理論解析を行う先生が、「昔に比べて自分でプログラムを書くよりも市販の解析ソフトウェアを用いる機会が増えている」という話をしていました。

　その理由はすでに述べたように、コンピュータが道具として洗練され、その上で動くサービスやアプリケーションが充実したために、プログラミングを行わなくても便利にコンピュータを使

えるようになったからです。そのようにコンピュータが洗練化されたからこそコンピュータの利用者が趣味人から一般層に広がったともいえるでしょう。

忘れられがちなことですが、その洗練化の背後には、サービスやアプリケーションを作成し、その質を高めているエンジニアがいます。そして、その質を今後も高めていくためには、ハードウェアやソフトウェアの新たなエンジニアの育成が必要不可欠です。しかし、コンピュータが便利に洗練化されるに伴いプログラミング経験者が減っていき、後進のエンジニアを生み出しにくくなっているとしたらそれは皮肉なことです。

この問題を解決するにはどうすればよいでしょうか。Eben Upton氏はプログラミングを学ぶのに適した新しいコンピュータが必要だと考えました。「プログラミングによって何かを実現したい」という気持ちになり、「おもちゃ」のようにいろいろと試してみたくなるコンピュータ。そのようなものとしてRaspberry Piは誕生したのです。

このように、Raspberry Piに人気が集まった理由は、プログラミングの学習に適したコンピュータが求められている状況に、よいタイミングで登場したからといえるでしょう。

また、Raspberry Piが登場したタイミングでいえばもう1つ、「Makerムーブメント」という個人によるものづくりの流行についても触れておく必要があります。のちに述べるようにRaspberry Piには電子工作に向いているという側面もありますが、それがこの流行の方向性と合致したのです。

1.2.4 Makerムーブメントによるものづくりの流行とRaspberry Pi

マイコンで電子工作

電子回路、特にデジタル回路を用いた電子工作はマイクロコントローラあるいはマイコンと呼ばれるチップを用いて以前から行われてきました。しかし、そのためには電子回路の知識だけではなく、マイコン内部の仕組みやプログラミングに対する深い知識が必要であったため、電子工作はハードルが高いものでした。マイコン内部の仕組を知らないとLEDを点滅させることも難しいほどです。

しかし、2005年にArduino（アルドゥイーノ、**図1-2**の左から3番目）と呼ばれる製品が登場してから状況は一変します。Arduinoとは、マイコンが搭載されたボードとコンピュータ上の開発環境などを含めたシステム一式のことを指します。それを使いこなすために必要な知識は、以前のものに比べ圧倒的に少なくなりました。

マイコン内部の仕組みを知る必要はほとんどありませんし、記述するプログラムの量も少なくて済みます。それにより、電子回路を用いたものづくりのハードルが下がり、コンピュータやプログラミング、電子工作の知識をあまり持たない専門分野以外の人でも、電子工作を始められるようになりました。

第1章　Raspberry Piとは何か

図1-2　シングルボードコンピュータとマイコンボード。左からRaspberry Pi 5、Raspberry Pi Zero 2 W、Arduino Uno、Raspberry Pi Pico。左の2つがシングルボードコンピュータ、右の2つがマイコンボード

　もちろん、Arduinoは初学者のためのものであり、工業製品などに用いるには適していない、などの欠点もあります。しかし、ハードルが下がったことにより専門分野以外の人でも電子工作を楽しめるようになったことには、新たな可能性を感じさせられます。

Makerムーブメントによるものづくりの流行

　それと同時期に、個人（Maker、メイカー）によるものづくりの流行、いわゆる「Makerムーブメント」が起こりました。そこでは電子工作だけではなく、手芸や工芸品、3Dプリンタによるものづくりなど、さまざまなものが取り扱われ、それにより起業する人も現れました。それらの制作物を各自が持ちよって開催されるMakerの祭典「Maker Faire」は世界中で大盛況です。前述のArduinoにより、電子工作に対するハードルが下がっていることが、このムーブメントの拡大に寄与していることは間違いないでしょう。

　このようなMakerムーブメントの根底に流れるのはDIY（Do It Yourself）精神、つまり、大量生産の既製品を購入するのではなく、欲しいものは「自分で作ろう」という考え方です。Arduinoの登場によってそれが容易になったということです。

　そんな状況の中、Raspberry Piは2012年に誕生しました。Raspberry Piはコンピュータのカテゴリに属しますから、これはものづくりの作品に小さなコンピュータを搭載できるということを意味します。マイコンのみを用いたときより、実現できることが一気に広がることになるため、Raspberry Piは多くのMaker達に愛されるようになりました。

　このように、Raspberry Piはプログラミングの学習環境という側面と、電子工作のツールとしての側面とで人気を集めたのです。

　また、2021年1月にRaspberry Pi Picoというマイコンボードが発売されました（**図1-2**の右端）。Raspberry Piがコンピュータだけではなく、マイコンの分野でも存在感を発揮していくことになるかもしれません。

1.3 Raspberry Piの特徴

Raspberry Piはコンピュータのカテゴリに属しますが、従来のコンピュータにない特徴もあります。それらについてここで解説しましょう。

ハードウェアとつなげやすいこと

Raspberry Piが通常のコンピュータと最も異なるのは、GPIO（General-Purpose Input-Output）と呼ばれるピンがあり、ここにセンサ、LED、モーターなどを接続してプログラムにより直接制御できることです。

通常のコンピュータでハードウェアを制御しようとすると、たとえばArduinoに代表されるマイコンを介する方法などがあります。Raspberry Piの場合はそうした回路を介さずに「直接」ハードウェアとつながる点が特徴です。この特徴により、Raspberry Piは多くの電子工作ファンに愛用されています。本書が解説するのは主にこの部分です。

コンピュータに外部機器を組み合わせると何が可能か、いくつか例を示しましょう。

MP3などのデジタルな音楽を再生することができるのは、Raspberry Piのコンピュータとしての機能の1つです。その機能と明るさセンサを組み合わせると、部屋が明るければ音楽を再生し、部屋が暗ければ音楽を停止するといったことが可能になります。音楽ではなく、動画の再生でもよいでしょう。

また、インターネットに接続し、自身がウェブサーバーになることができるのもRaspberry Piのコンピュータとしての機能の1つです。この機能を用いると、部屋の温度や湿度を計測しウェブページで公開することが可能です。また、データをファイルとして保存できるので、温度や湿度のデータをログとして保存することもできます。

さらに、Raspberry Piは小型です。自作のロボットに搭載してその頭脳にすることもできます。たとえば、ロボットのカメラが撮影した映像から人の顔を探して追跡する、といった用途です。Raspberry Piは近年話題の人工知能や機械学習の技術とも親和性が高いので、より「知能」を感じられるようなロボットを作ることも可能です。そのようなロボットに、頭脳である小型のRaspberry Piをそのまま搭載できるのです。もしこれを通常のコンピュータで実現しようとすると、ロボットの大型化を避けたければ、コンピュータをロボットに搭載せず、離れたところに設置して有線または無線で通信する、ということになるでしょう。そうすると、コストの問題や通信の安定性の問題などが起こりがちです。

OSはLinuxベースのものが多く、プログラミングの学習環境として適している

コンピュータ上のハードウェアや、周辺機器を用いるためのサポートを行うのがOS（オペレーティングシステム）の役割です。皆さんに馴染みのあるOSはWindowsやmacOSではないかと思いますが、Raspberry PiではLinux（リナックス）ベースのOS（本書では、以降Linux系OS

と書きます）が広く用いられています。

　Linuxとは OS の中心となるカーネルのことを指します。この Linux カーネルに、その他のアプリケーションなどを追加して配布されるのが Linux ディストリビューション、本書で Linux 系 OS と呼ぶものです。Raspberry Pi 用の Linux 系 OS としては Raspberry Pi OS、Ubutu Mate（ウブントゥ・マテ）などいくつかあります。本書では、最もユーザー数が多い Raspberry Pi OS を用います。

　Linux 系 OS は、メールやインターネットなど、通常のコンピュータのような用途として用いることができるのはもちろんのこと、それ以外にウェブページを提供するウェブサーバーや、ネットワーク上でファイルを共有するファイルサーバーなどの、サーバー用途での利用も得意としています。皆さんが普段見ているウェブページも、ネットワークの向こうではもしかしたら Linux 系 OS で実現されているかもしれません。

　さらに、Linux 系 OS は、OS を構成するソースコードが公開されており、多くのものが無料というメリットもあります。そのため、コンピュータについて学びたいという方に適した OS であるといえるでしょう。

　Linux 系 OS は、最初からプログラミングの開発環境が導入されていることが多いため、プログラミングの学習に適しています。本書で導入する Raspberry Pi OS でも、デフォルトで Python（パイソン）、C、C++ などのプログラミング言語が学習できるようになっており、他の言語の学習環境も簡単にインストールできるようになっています。本書では Python というプログラミング言語を用いて電子工作向けのプログラミングを学びます。

安価で小型・省電力であること

　Raspberry Pi は、発売当初は 5,000 円程度で購入できる安価なコンピュータという側面もありました。しかし、性能が上がった新バージョンが出るたびに価格は上がり、Raspberry Pi 5 は安いもので 1 万円程度となっています。その一方で、安価なシリーズとして Raspberry Pi Zero シリーズが登場しており、執筆時点で最新の Raspberry Pi Zero 2 W は 3,000 円程度で購入することができます。これくらいの価格だと、壊れた場合に代替品を購入するのが比較的容易です。そのため、屋外で温度や湿度を計測するシステムなど、過酷な環境で動作するものを作成するのも面白いでしょう。こう書くと「壊れやすいのではないか？」と思われるかもしれませんが、正しく使えばそうそう壊れるものではありません。

　また、価格が上がりつつあるとはいえ、通常のコンピュータより安価ではあります。これは、これまでコンピュータを入手できなかった人にもコンピュータ環境を提供できる、ということも意味します。Eben Upton 氏が設立した Raspberry Pi 財団は、Raspberry Pi の途上国での普及も目指しています。

　そして、名刺と同じくらいに小型であるだけではなく、消費電力を小さくできるという魅力もあります。Raspberry Pi の消費電力は、バージョンや使用用途によって大きく異なりますが、5W〜25W 程度です。新しいバージョンが出るたびに消費電力が大きくなっているのが現状ですが、それでも通常の PC の消費電力である数十〜数百 W に比べると低消費電力といえるでしょう。そのため、常時稼働するサーバーとしての用途にも向いているのです。

仕様

特徴の最後に、執筆時点で比較的入手しやすいRaspberry Piの仕様を**表1-1**にまとめます。Raspberry Pi 4 Model BとRaspberry Pi 5には、メモリの量に応じて複数の種類があることにご注意ください。メモリの量は、ブラウザや表計算ソフトなど、複数の仕事を同時に実行させたときの快適さに関わり、大きいほうが快適に動作します。

我々が普段使っているコンピュータとの単純な比較は難しいのですが、Raspberry Pi 5は通常のコンピュータの用途、たとえばデスクトップでブラウザを開いてインターネットを閲覧することなどは、ストレスなく行えるようになってきました。

一方、Raspberry Pi Zero 2 Wはメモリの量が512MBと少ないため、通常のコンピュータのように用いるのは難しいです。むしろ、デスクトップなどのグラフィックを用いず、電子工作専用のコンピュータとして用いるのに向いています。とはいえ、デスクトップを用いずにRaspberry Piを用いるのはかなりの上級者向けですので、本書では高性能なRaspberry Pi 4 Model BやRaspberry Pi 5を通常のコンピュータのように利用することを前提として解説します。

なお、Raspberry Piでは互換性が重視されているので、**表1-1**に記されたすべてのバージョンで共通のOSが動作します。そのため、本書の内容はRaspberry Piのどのバージョンでもほぼ同じ手順で実行可能です。

表1-1 代表的なRaspberry Piの仕様

	Raspberry Pi Zero 2 W	Raspberry Pi 4 Model B	Raspberry Pi 5
発売時期（海外）	2021年10月	2019年6月	2023年9月
SoC	Broadcom BCM2710A1	Broadcom BCM2711	Broadcom BCM2712
CPU	1GHz クアッドコア Cortex-A53	1.5GHz クアッドコア ARM Cortex-A72	2.4GHz クアッドコア ARM Cortex-A76
GPU	Broadcom VideoCore IV @ 400MHz（Core）/300MHz（V3D）	Broadcom VideoCore VI @ 500MHz	Broadcom VideoCore VII @ 800MHz
メモリ	512MB	1GB/2GB/4GB/8GB	2GB/4GB/8GB
USBポート	micro USB×1	USB2.0×2、USB3.0×2	
ネットワーク	802.11b/g/n無線LAN（2.4GHz）	10/100/1000Mbit/sイーサーネット、802.11b/g/n/ac無線LAN（2.4GHz/5GHz）	
ビデオ出力	ミニHDMI、コンポジット（基板上）	マイクロHDMI×2、DSI、コンポジット（3.5mmジャック）	マイクロHDMI×2、コンポジット（基板上）
音声出力	HDMI	HDMI、3.5mmジャック	HDMI
低レベル入出力	GPIO×17、UART、I2C、SPI、I2Sオーディオ、+3.3V、+5V、GND	左のもののうち、UART×4、SPI×4、I2C×4のように数が増加したものがある	
電源	5V（micro USB、GPIO）	5V（USB Type-C、GPIO）	
サイズ	65mm×30mm	85mm×56mm	

第1章　Raspberry Pi とは何か

1.4　Raspberry Piとマイコンとの違い

　すでに述べたように電子工作用途でマイクロコントローラ（マイコン）が用いられ、Arduino がその代表例なのでした。「Raspberry Pi はコンピュータ」、「Arduino はマイコンを搭載したシステム」ですので、カテゴリが異なります。そのため、電子工作に用いる場合はその違いに注意して、適したほうを選択する必要があります。

　ここでは Raspberry Pi とマイコンの違いを、Arduino Uno と Raspberry Pi Pico を例として表1-2にまとめました。項目1〜3は Raspberry Pi のほうが有利なケースを、項目4〜6はマイコンのほうが有利なケースを示しています。

表1-2　Raspberry Piとマイコンとの違い

		コンピュータ	マイコン	
		Raspberry Pi	Arduino Uno	Raspberry Pi Pico
1	ウェブサーバーとして動作	○	△ （単体では不可能ではないがあまり実用的ではない。別途コンピュータと接続するのが現実的）	
2	音楽の再生	○	△ （別途モジュールを追加することで音楽を再生可能だが限定的）	
3	プログラミング言語	Linux系OSで用いることのできるプログラミング言語から好みのものを選べる	C言語に似た Arduino言語	C、C++、MicroPython（マイコン用のPython）
4	アナログ値を出力するセンサの接続	△ （別途 AD コンバータが必要。6章で学ぶ）	○	○
5	精度の高いPWM信号の出力数	2個（2013年頃までの古いバージョンでは1個だった）	6個	16個
6	消費電力	5W〜25W	動かすプログラムや電力供給方式によって異なるが、Raspberry Pi の10分の1以下のことが多い	

　Raspberry Pi のほうが有利なケースに、表に掲載していないものが1つあるので紹介しましょう。それは、複数のOSで動作するプログラムを書くことが容易であるということです。

　マイコンや Raspberry Pi を搭載した車の模型を、Android や iPhone などのスマートフォンと無線接続し、スマートフォンからラジコンのように操作する場合を例にして説明します。まず、マイコンを搭載した車の模型を Android や iPhone から操作する場合です。これを Android と iPhone の両方のOSで実現するためには、一般的に、それぞれのOS用のプログラムを作成する

10

必要があります。つまり、Androidスマートフォン用のプログラムはiPhoneでは動作しないため、別途iPhone用のプログラムを作成する必要があるということです。プログラミング経験のある方ならわかると思いますが、これはとても手間と労力のかかることです。

一方、Raspberry Piを搭載した車の模型の場合、1つのプログラムで、AndroidとiPhoneから操作できます。AndroidとiPhoneだけでなく、iPadやWindows、macOSなどからでも操作できるので、複数のOSでコントロールできるシステムの作成が容易です。

これはRaspberry Piの機能というよりは、その上で動作させるウェブサーバーの機能によるところが大きいといえます。皆さんがコンピュータやスマートフォンでウェブページを閲覧する際、どのOSからでも（多少のデザインの違いはあれ）基本的には同じウェブページを見ることができますね？ これはウェブ技術とそれを実装したブラウザにより実現されています。Raspberry Piは、このウェブ技術を利用できるため、複数のOSで動作するプログラムを書くことが容易です。マイコンでウェブ技術を用いることも不可能ではありませんが、機能が限られたページになってしまいます。このウェブ技術については、本書の9章、10章で紹介します。

まとめ

以上、Raspberry Piとマイコンの違いを見てみました。これらを踏まえ、自分の作成したいものに適したほうを選択することになります。

もちろん、本書ではRaspberry Piを用いた電子工作を学んでいきます。さまざまな要素について学ぶ中で、その応用例を考えながら読んでいくと楽しいでしょう。

また、すでに述べてきたようにRaspberry Piはコンピュータやプログラミングについて学ぶための教材として生まれました。Linux系OSに接するのは初めて、という方も多いと思います。普段と異なるOSに触れながら、コンピュータやプログラミングについて、皆さんが何か新しい発見をするお手伝いができれば幸いです。

COLUMN

人気の衰えないRaspberry Pi

Raspberry Piの登場以後、似たようなコンセプトを持つシングルボードコンピュータがいくつか登場しており、その中にはRaspberry Piよりも高性能なものもあります。しかし、それによってRaspberry Piの人気が衰えるといったことは現状では起こっていません。

その理由の1つとして、Raspberry Piはすでに世界中で多くのファンによって愛されていることが挙げられます。もし皆さんがRaspberry Piを操作していて、わからないこと、疑問に思ったことがあったら、ぜひインターネットで検索してみてください。国内外を問わず、さまざまな方がRaspberry Piを便利に使うためのノウハウを公開しています。Raspberry Piを用いた電子工作の成果を動画で公開している方もたくさんいます。このファンの存在がある限り、Raspberry Piの人気が衰えることは当面ないでしょう。

第 **2** 章

Raspberry Pi用の
OSのインストール

- **2.1** 本章で必要なもの
- **2.2** microSDカードへのOSのインストール
- **2.3** Raspberry Piへの電源の接続
- **2.4** インストール後の設定

2.1 本章で必要なもの

　本章では、Raspberry Pi に Raspberry Pi OS という Linux 系 OS をインストールします。Raspberry Pi をコンピュータとして使うためには、事前にいくつか購入しなければならない機器があります。それらをまとめると、**表2-1**のようになります。機器によってはすでにお持ちだという方も多いでしょう。まずはこの表と、**2.1.1**から始まる個別の解説をご覧になり、よくわからない機器があったらお近くのパソコンショップで質問してみることをおすすめします。

　なお、パソコンショップなどで質問する際の注意点を1つ述べておきます。通常、キーボードやマウスなどのコンピュータ用機器はWindowsやmacOSでの動作を保証しています。一方、本書で用いるRaspberry Piや、Linux系OSでの動作を保証する機器はほとんどありません。そのため、パソコンショップで「Raspberry Piで動作するキーボードはどれか」と尋ねても、回答できる店員はおそらくいないでしょう。

　それではどのような機器を選べばよいでしょうか。通常、Linux系OSで動作する機器を選ぶ際は、「奇抜なものではなく、なるべくベーシックなもの」、「最新のものではなく、長く販売されているもの」を選ぶのが失敗しないコツです。パソコンショップで質問するときの参考にしてみてください。

表2-1　Raspberry PiへのOSのインストールに必要な機器

物品	備考
Raspberry Pi	必須。高性能な Raspberry Pi 5 か Raspberry Pi 4 Model B を推奨。**2.1.1** で解説
32GB以上のmicroSDカード	必須。高速なクラス10のものを推奨。アダプタが必要になる場合がある。**2.1.2** で解説
インターネットに接続されたPC	必須。microSDカードかSDメモリーカードを読み書きするためのスロットがあると便利。**2.1.3** で解説
microSDカード対応マルチカードリーダー／ライター	microSDやSDメモリーカード用のスロットがないPCでは必須。**2.1.3** で解説
USBキーボード	必須。有線の日本語キーボードを推奨（PS/2と呼ばれるタイプのものは不可）。無線タイプについての注意は**2.1.4**で解説
USBマウス	必須。有線のマウスを推奨（PS/2と呼ばれるタイプのものは不可）。無線タイプについての注意は**2.1.4**で解説
USB接続の電源	必須。USB充電器とUSBケーブルの組み合わせでも可だが、流せる電流の大きさに注意する必要がある。USBケーブルの種類は**2.1.5**で解説
ディスプレイ	HDMIかDVI-D接続可能なPC用ディスプレイ。HDMI搭載液晶テレビもよい。**2.1.6**で解説

物品	備考
ディスプレイ接続用のケーブル	ディスプレイとRaspberry Piの組み合わせにより適切なケーブルを選ぶ必要がある。**2.1.6**で解説
Raspberry Pi用のケース	任意だが、あると安心。GPIOポートに電子工作用のジャンパーワイヤをさせる必要がある。**2.1.7**で解説
ネットワーク接続用環境	Wifi接続したい場合はWifi接続環境が必要となる。有線接続する場合はイーサーネットケーブルが必要。**2.1.8**と**付録A**で解説

本章で必要な機器とそれを用いて行う作業の流れをまとめたのが**図2-1**です。必要に応じて参照してください。

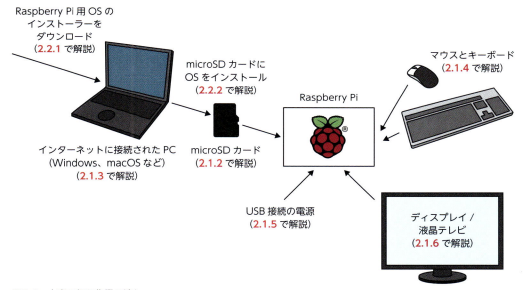

図2-1 本章で行う作業の流れ

各項目について、以降で1つずつ解説していきます。

2.1.1　Raspberry Pi

Raspberry Piにはさまざまなバージョンがあります。執筆時点で入手しやすいものを中心にいくつか**表2-2**に記します。

第2章　Raspberry Pi 用の OS のインストール

表2-2　代表的な Raspberry Pi のバージョン

系統	種類	本書での略称	Wifi機能の有無
-	Raspberry Pi 5（メモリ 2GB/4GB/8GB）	Pi 5	○
Model B系	Raspberry Pi 4 Model B（メモリ 1GB/2GB/4GB/8GB）	Pi 4 B	○
Model B系	Raspberry Pi 3 Model B および Model B+	Pi 3 B/B+	○
Model A系	Raspberry Pi 3 Model A+	Pi 3 A+	○
Zero 系	Raspberry Pi Zero 2 W	Pi Zero 2 W	○
Zero 系	Raspberry Pi Zero WH	Pi Zero WH	○

　複数の種類があるとどれを購入すればよいのか迷ってしまいますね。そこで、選ぶ際のポイントをいくつか紹介します。

　表2-2において、無系統のPi 5以外は、大きく分けてModel B系、Model A系、Zero系の3つに分けられています。このうち、Model A系とZero系のRaspberry Piは、小型で省電力であるという特徴があります。そのため、1.3で述べたように「ロボットに搭載してその頭脳にする」というような用途に適しています。しかし、小型であるがゆえに動作が遅く、取り扱いが上級者向けであるという問題があり、初めてRaspberry Piを購入する方にはおすすめできません。

　本書で利用をおすすめするのはそれ以外、すなわち無系統のPi 5やModel B系のPi 4 B、Pi 3 B/B+です。なお、表2-2に記載の機種はすべてWifi接続機能を搭載していますので、ご家庭にWifi接続環境がある場合、簡単にRaspberry Piをインターネットに接続できます。表2-2に記載されていない古い機種には、Wifi接続機能を持たないものもありますのでご注意ください。

　なお、Pi 5およびPi 4 Bにはメモリ量に応じて異なるバージョンがあり、それぞれ価格が異なります。本書の演習を行う目的であればお好みのものを選んで構いませんが、メモリ量1GBですとPi 3 B/B+など古い機種と変わりませんので、メモリ量が2GB以上のものをおすすめします。

　本書のプログラムは表2-2のすべてのRaspberry Piで動作しますが、必要な機器などの解説はPi 5およびModel B系をベースに行い、Zero系などはサポートページでの対応が多くなりますのでご了承ください。

　なお、Raspberry PiにはOSがプリインストールされたmicroSDカードとセットで販売されているものがあります。そちらを用いるとインストールの手間が省けるという利点がありますが、microSDカードにインストールされているOSが古い可能性があります。また、それらでは本書の演習内容を動作確認しておりませんのでご了承ください。

　Raspberry Piは次のサイトなどから通信販売で購入できます。

- 秋月電子通商（https://akizukidenshi.com/）
- 千石電商オンラインショップ（https://www.sengoku.co.jp/）
- KSY（https://raspberry-pi.ksyic.com/）
- スイッチサイエンス（https://www.switch-science.com/）

Amazonでも購入できますが、まだ日本で発売準備ができていない商品が高額な価格で出品されていることもありますので、利用には注意が必要です。前述のサイトからならば安心して購入できるでしょう。

また、秋月電子通商や千石電商など店頭で購入できるショップも増えています。

2.1.2　32GB以上のmicroSDカード

Raspberry PiのOSそのものやユーザーの作成したデータを保存するため、図2-2(A)のようなmicroSDカードが1枚必要です。図2-2(A)の右側にはアダプタと呼ばれるものが表示されています。お使いのPCによっては、microSDカードの読み書きを行う際にこのアダプタも必要になります。なお、microSDカードのアダプタにはロック機能が付いており、カード側面のスイッチがロック位置にあると書き込みができません。そのため、使用時にはロックが解除されているかどうか確認してください。

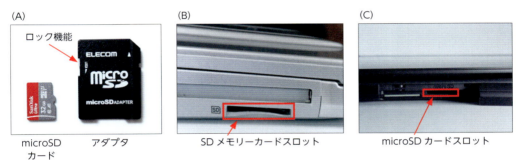

図2-2　(A) microSDカードおよびアダプタ、(B) SDメモリーカードスロット、(C) microSDカードスロット

microSDカードを購入する際に注目していただきたいのは、データを保存できる容量と、スピードクラスの2点です。

容量は32GB（ギガバイト）以上のものを用意してください。容量が小さいmicroSDカードではインストール後に容量が足りなくなることがあります。たとえば、執筆時点では、16GBのmicroSDカードでは通常インストール版のOSは利用できるものの、フルインストール版のOSは利用できない、などの問題があります。また、容量の単位がMB（メガバイト）で表示されているものも容量が足りず使えませんので注意してください。

一方、スピードクラスとはmicroSDカードの表面にある丸で囲まれた数値のことで、メモリの読み書きの速度を表します。クラス2、4、6、10のものが販売されており、数字が大きいほうが高速です。

読み書き速度に関してはUHSスピードクラスという分類もあります。U1とU3の2種類があり、アルファベットのUの内部に数字が描かれています。U1はスピードクラスのクラス10と同程度、U3はそれ以上の速度となっております。

なお、Raspberry PiではmicroSDカードとの相性によりOSが起動しないなどの問題が発生することがまれにあります。そのような問題が起こった場合は別のmicroSDカードを用意するのがよいでしょう。

また、すでに述べたようにRaspberry Pi用のOSがプリインストールされたmicroSDカードも販売されておりますが、本書の演習内容を動作確認しておりません。ご了承ください。

2.1.3 インターネットに接続されたPC

図2-1に示されているように、WindowsやmacOSなどが動作しているPCがRaspberry Piとは別に必要です。インターネット上から、Raspberry Pi用のOSをダウンロードし、microSDカードにインストールするために用います。そのため、このPCではmicroSDカードの読み書きができる必要があります。

お使いのPCに図2-2(B)のようなSDメモリーカードスロットや図2-2(C)のようなmicroSDカードスロットがあればそちらを用いることができます。SDメモリーカードスロットにはmicroSDカードにアダプタを装着したものを挿入し、microSDカードスロットには直接挿入することで、読み書きが行えます。

お使いのPCにこれらのスロットがない場合、図2-3に示したmicroSDカード対応のマルチカードリーダー／ライターを追加で購入する必要があります。

図2-3 microSDカード対応マルチカードリーダー／ライターの例

2.1.4 USBキーボードとUSBマウス

キーボードとマウスはUSB接続方式の有線のものを推奨します。

無線のものを用いたい場合、その機器の接続方法が「Bluetooth」か「無線2.4GHz」かに着目してください。Bluetooth方式で接続するものは、ペアリングと呼ばれる作業に別途有線マウスなどが必要になるのでおすすめしません。無線2.4GHz方式で接続するものならば、問題なく使えることが多いでしょう。

2.1.5　USB接続の電源（流すことのできる電流の最大値に注意）

　Raspberry Piへ電源を供給するためにはいくつか方法がありますが、注意すべき点が多いので本節で解説します。

　執筆時点で最新の機種であるPi 5を利用するには、Pi 5に対応したACアダプタを用いるのが確実です。Pi 5は消費電力が大きく、適切なACアダプタを用いないと電力が不足してトラブルの原因となることがあるからです。Pi 5対応のACアダプタは、2.1.1で紹介したショップでの取り扱いが今後増えていくでしょう。たとえば、2024年8月にPi 5対応のACアダプタがスイッチサイエンスから発売されました。

　対応したACアダプタを用いないでRaspberry Piを利用する方法として、スマートフォンなどを充電するためのUSB充電器を用いる方法があります。Pi 5以前のPi Zero 2 W～Pi 4 Bの機種ならばこの方法で問題なく動作しますし、Pi 5でも後述するようにベストな方法とはいえませんが、動作することは多いでしょう。ただし、USB充電器は十分な性能を持ったものを選ばなければなりません。以降で注意すべき点を解説します。

　Raspberry Piを用いる上で、知っておくべきUSB端子の種類を図2-4（A）にまとめました。左から順にUSB Type-A、micro USB Type-B、USB Type-Cです。どれもスマートフォンの充電に用いることが多い端子ですので、知っているという方は多いでしょう。さらに、典型的なUSB充電器の接続端子を示したのが図2-4（B）です。この充電器にはType-AとType-CのUSBケーブルを接続できることがわかります。

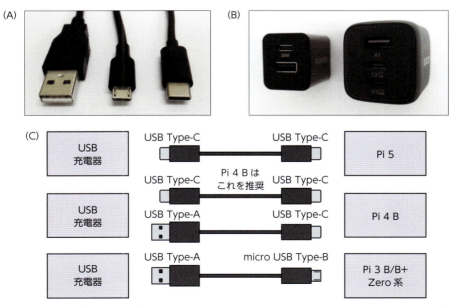

図2-4　(A) USB端子。左から順にUSB Type-A、micro USB Type-B、USB Type-C。すべてオスと呼ばれる側
　　　 (B) 典型的なUSB充電器の接続端子。こちらはメスと呼ばれる側
　　　 (C) 用いるRaspberry PiとUSB端子の組み合わせ

第2章　Raspberry Pi 用の OS のインストール

　以上を踏まえ、用いる Raspberry Pi の機種と USB ケーブルの種類をまとめたのが**図2-4（C）**です。Pi 5 および Pi 4 B では、両端が Type-C のケーブルを選択するのがよいでしょう。また、Pi 4 B では Type-A と Type-C の組み合わせのケーブルでも動作することが多いです。それ以外の機種では、Type-A と micro USB Type-B の組み合わせのケーブルを用いるべきことが記されています。

　端子の形状から USB ケーブルを選択しましたが、さらに重要なのは、USB 充電器が Raspberry Pi を動作させるために十分な性能を持っていることです。以降で解説しましょう。

　Raspberry Pi は、5V の電圧を与えることで動作します。スマートフォンを充電させるための USB 充電器は、5V の電圧を供給することができます。重要なのは、その USB 充電器が流せる電流の大きさは、USB 充電器によって異なる、ということです。高性能な Raspberry Pi の機種ほど、必要とする電流が大きくなります。

　Raspberry Pi を動作させるために、公式が推奨する電源の最大電流は**表2-3**のとおりです。3章で解説しますが、電流の大きさは A（アンペア）で表します。

表2-3　Raspberry Pi を動作させるのに推奨される電源の最大電流

	公式が推奨する電源の最大電流
Pi 5	5.0A
Pi 4 B	3.0A
Pi 3 B/B+、Pi 3 A+	2.5A
Pi Zero 2 W	2.0A

　おおむね、性能が高いほど要求される電流が大きいことが見て取れます。この公式な推奨最大電流はかなり大きな値となっています。これは、「Raspberry Pi に十分大きな負荷をかけても安定して動作するための電流」と考えられますので、これより流せる電流が少し小さな USB 充電器を用いても動作することはあるでしょう。しかし、流せる電流が小さすぎると Raspberry Pi が起動しない、起動しても途中で再起動されてしまう、USB に接続した機器が動作しない、Wifi 接続が不安定になる、などの問題が起こり得ますので注意しましょう。

　USB 充電器が流せる電流の大きさは、USB 充電器に小さな文字で書かれていることが多いです。「出力」あるいは「OUTPUT」という項目を探してみましょう。たとえば、「DC 5.0V/2.4A」と書かれているとしましょう。2.4A は、2400mA（ミリアンペア）と表記されることもあります。**表2-3**を見ると、2.4A を流すことのできる電源を用いれば、Pi Zero 2 W は問題なく動作するでしょうし、Pi 3 B/B+ や Pi 3 A+ もほぼ問題なく動作するでしょう。Pi 4 B も、負荷が小さければ問題なく動作することは多いでしょう。ただし、2.4A では Pi 5 を動作させるには少し不安があります。以上を**表2-3**から読み取れるのです。

　なお、**図2-4（B）**のように Type-C の接続端子がある USB 充電器は、書かれている情報が多く、出力の読み取りが難しくなっていることがあります。Type-C の USB 充電器は、5V/9V/

20

12V/15V/20Vのように複数の電圧を出力でき、それぞれについての情報がすべて記されているからです。また、複数の接続端子がある場合、端子をいくつ同時に使うかによっても流せる電流の大きさが変わりますので、その情報も記されていることが多いです。USB充電器の2つの端子を同時に用いた場合、最大電流が小さくなることが多いので、トラブルを避けたければUSB充電器にはRaspberry Piのみをつなぐのがよいでしょう。

また、図2-4 (B) のようにType-AとType-Cの両方の端子がある場合、多くの場合Type-Cのほうが流せる電流は大きいでしょう。執筆時点で、高い性能を持ったUSB充電器を購入した場合、Type-Aは5V/2.4A、Type-Cは5V/3.0Aであることが多いと思います。そのため、図2-4 (C) の左側の端子としてType-AではなくType-Cを推奨するのです。それにより、Pi 5に5V/3.0Aの電源を接続することができます。

推奨最大電流が5.0AのPi 5に5V/3.0AのUSB充電器で電源を供給するのに不安を感じる方も多いでしょう。実際、Pi 5に接続したUSB機器が電流不足により動作しない、ということが起こり得ます。ただし、本書のように電子工作の演習を行う目的ならば、電力消費は大きくないので問題なく動作することは多いです。まずは試してみて問題がある場合はPi 5対応のACアダプタを購入するとよいでしょう。

なお、図2-4 (C) の左側のUSB充電器の代わりにPCのUSB端子を用いたくなるかもしれませんが、それは避けてください。PCのUSBポートは規格上最大500mAまたは900mAの電流しか供給できないためです。

さらに、USB充電器に十分な性能があっても、USBケーブルの品質が低いとやはりRaspberry Piの動作が不安定になることがありますので、合わせて注意しましょう。

2.1.6 ディスプレイおよびケーブル

表2-1 でも記したように、ディスプレイは「HDMI接続可能なディスプレイ」または「DVI-D接続可能なディスプレイ」の2種から選択します。最近はHDMI搭載の液晶テレビが普及していますので、そちらでもよいでしょう。

コンピュータ用ディスプレイの端子部は、たとえば図2-5 (A) のようになっています。このディスプレイにはHDMI端子とDVI-D端子の両方がありますので、この場合はHDMI端子を使えばよいでしょう。HDMI端子がない場合にはDVI-D端子を用います。

第2章 Raspberry Pi用のOSのインストール

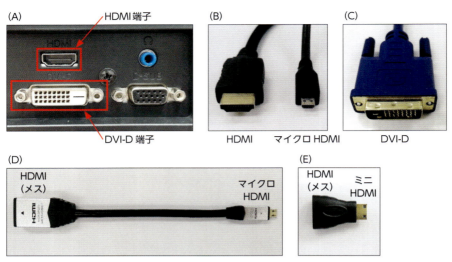

図2-5 （A）ディスプレイのHDMI端子とDVI-D端子（どちらもメス側）、
（B）左：HDMI端子、右：マイクロHDMI端子（どちらもオス側）、（C）DVI-D端子（オス側）、
（D）HDMI（メス）-マイクロHDMI（オス）変換アダプタ、（E）HDMI（メス）-ミニHDMI（オス）変換アダプタ

　ディスプレイとRaspberry Piを接続するためのケーブルは、それぞれに接続する端子によって決まります。ディスプレイ側は、**図2-5（B）** 左側のHDMI端子または**図2-5（C）** のDVI-D端子を持つケーブルで接続します。Raspberry Pi側の端子は、Raspberry Piのバージョンによって異なります。Pi 5およびPi 4 Bには、**図2-5（B）** 右側のマイクロHDMI端子で接続します。それ以前のPi 3 B/B+には、**図2-5（B）** 左側のHDMI端子で接続します。

　以上から、ディスプレイとRaspberry Piの接続を整理したのが**図2-6**です。

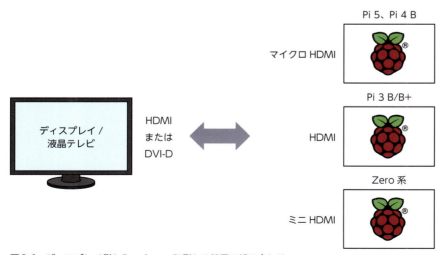

図2-6 ディスプレイ側とRaspberry Pi側との端子の組み合わせ

2.1 本章で必要なもの

この図より、Pi 5およびPi 4 Bの場合、ディスプレイと直接接続できるケーブルは次のどちらかとなります。

- HDMI-マイクロHDMIケーブル（**図2-5（B）** 左側の端子と**図2-5（B）** 右側の端子からなるケーブル）
- マイクロHDMI-DVI-D-ケーブル（**図2-5（C）** の端子と**図2-5（B）** 右側の端子からなるケーブル）

なお、Pi 5およびZero系の機種でDVI-D端子を持つケーブルを用いると、音声を鳴らす方法がなくなってしまいますのでご注意ください。

一方、Pi 3 B/B+をディスプレイと接続するためには次のどちらかです。

- HDMIケーブル（**図2-5（B）** 左側の端子が両側に付いたケーブル）
- HDMI-DVI変換ケーブル（**図2-5（C）** の端子と**図2-5（B）** 左側の端子とからなるケーブル）

Pi 3 B/B+用のディスプレイ接続ケーブルをお持ちの場合、**図2-5（D）** のようなHDMI-マイクロHDMI変換アダプタを購入すると、すでにお持ちのディスプレイ接続ケーブルをPi 5やPi 4 B用に再利用できます。

なお、Zero系の機種ではミニHDMI端子での接続になりますので、**図2-5（E）** のようなHDMI-ミニHDMI変換アダプタがあると便利でしょう。

どのケーブルを用いるにせよ、ケーブルの長さはRaspberry Piとディスプレイの設置位置によって決めてください。電子工作について学ぶ際は、Raspberry Piが手元で操作できる位置にある必要があります。

2.1.7 Raspberry Pi用のケース

Raspberry Piは回路がむき出しになっていますので、そのまま用いるのはあまり望ましくありません。回路を保護する目的でケースがあるとよいでしょう。Raspberry Piを販売しているネットショップでさまざまな種類のケースが取り扱われていますので、そちらに収めるのが安心です。

ただし、Raspberry Piのバージョンにより、対応しているケースが異なります。購入の際は、そのケースがお使いのバージョンのRaspberry Piに対応しているか、よく確認しましょう。

ケースを選ぶ場合は40本のピンが立った「GPIOポート」（3章で解説します）に穴が開いているものを選んでください。**図2-7**はPi 5のGPIOポートに2本のジャンパーワイヤと呼ばれるものをさし込んでいる様子です。穴が必要なのは次章以降でGPIOポートのピンを多用するからです。**図2-7**の公式のケースには蓋が付いていたのですが、図のように蓋を外した状態で用います。

図2-7 公式ケースに入れたRaspberry PiのGPIOにジャンパーワイヤ（3章で解説）をさし込んだ様子

　なお、高性能なPi 5は熱の発生量が多いため、放熱するために基板上のチップに貼り付けるヒートシンクや風を送る冷却ファンとセットで販売されていることがあります。ヒートシンクの利用は問題ありませんが、GPIOポートをふさぐタイプの冷却ファンは、電子工作を行う際に支障となりますので、取り外さなければならないことがあります。公式のケースならば、GPIOポートではなく冷却ファン専用の接続ピンを用いますので問題ありません。ただし、**図2-7**では公式ケースから冷却ファンを取り外しています。それは、冷却ファンがあると**5.6**で用いるカメラモジュールを取り付けられないからです。

　図2-7のようなケースが用意できない場合、プラスチックなど電流を流さないものの上にRaspberry Piを置くようにしてください。濡れた手で触らない、などの注意も必要です。

2.1.8　ネットワーク接続環境

　本書は、Raspberry Piをネットワークに接続する必要のない内容と、ネットワークに接続するのが必須な内容とに分かれています。そこで、原則的にはRaspberry Piを当面ネットワークに接続せずに演習を行い、必要になったときのみネットワークに接続する、という読み方が可能です。とはいえ、早めにネットワークに接続すれば、Raspberry Piでインターネットからサンプルファイルをダウンロードできるなど、便利なことが多いです。また、ネットワーク接続しないとRaspberry Piの時刻が自動でセットされない、というデメリットもあります。

　Raspberry Piをネットワークに接続するためには、皆さんの自宅などに、コンピュータ2台以上をネットワーク接続できる環境が必要です。2台のうち1台は皆さんが普段お使いのWindowsなどのPC、2台目がこれから取り扱うRaspberry Piです。

　その環境についての解説を**付録A**にまとめました。一度ご覧になってから、本章の続きに進まれることをおすすめします。

2.2 microSDカードへのOSのインストール

2.2.1 Raspberry Pi Imagerのダウンロードとインストール

　本項では、Raspberry Pi OSをmicroSDカードにインストールする方法を示します。ここではRaspberry Piは用いず、皆さんが普段お使いの、インターネットに接続されたPCを用います。まず、インストールに必要なソフトウェアであるRaspberry Pi Imagerをダウンロードしてインストールしましょう。Microsoft Edgeなどのブラウザでページ「https://www.raspberrypi.com/software/」に接続してください。現れた英語のページを少し下に進むと、図2-8のようなダウンロード用のリンクがあります。

図2-8　Raspberry Pi Imagerをダウンロードするためのリンク

　お使いのPC用のリンクをクリックするとRaspberry Pi Imagerがダウンロードされます。本書ではWindowsを例に解説しますので、「Download for Windows」をクリックします。すると、図2-9のようにimager_1.8.5.exeというファイルが、デフォルトでは「ダウンロード」フォルダに保存されます。「1.8.5」の部分はバージョン番号ですので、皆さんがダウンロードするときはこれよりも大きな数値となっているかもしれません。また、「.exe」の部分はWindowsの設定によっては省略されて見えなくなっていますが気にする必要はありません。

第 2 章　Raspberry Pi 用の OS のインストール

図2-9　ダウンロードされたRaspberry Pi Imagerのインストール用アプリケーション

　次に、ダウンロードしたファイルをダブルクリックして皆さんのPCにRaspberry Pi Imagerのインストールを行いましょう。もし「WindowsによってPCが保護されました」という警告が現れたら、「詳細情報」という下線付きの文字をクリックすることで現れる「実行」ボタンをクリックしてインストールを開始しましょう。すると、「このアプリがデバイスに変更を加えることを許可しますか？」という警告が現れるので「はい」ボタンをクリックしてください。すると、Raspberry Pi Imagerのインストール画面が現れるので、「Install」ボタンをクリックしてインストールを実行してください。終了後「Finish」ボタンを押すとインストールが終了し、図2-10のRaspberry Pi Imagerが起動します。

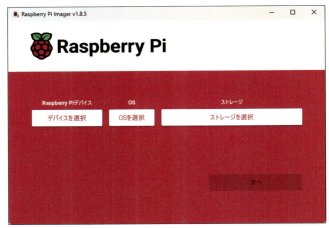

図2-10　起動したRaspberry Pi Imager

　なお、ここまでは「Raspberry Pi Imagerをインストールして起動する」という流れで解説しました。インストール済みのRaspberry Pi Imagerを実行したい場合は、Windowsのアプリケーション検索欄で「Raspberry」と入力することで「Raspberry Pi Imager」のアイコンが現れますのでクリックして起動できます。

　Raspberry Pi Imagerには図2-10のように3つのボタンがあります。これらについて簡単に説明しておきましょう。1つ目の「デバイスを選択（CHOOSE DEVICE）」ボタンは、お使いのRaspberry Piの機種を選択するためのボタンです。それにより、その機種に適したOSだけが

選択できるようになります。ただし、どのOSを選ぶべきかあらかじめわかっている場合は、このボタンでデバイスを設定する必要はありません。

2つ目の「OSを選択（CHOOSE OS）」ボタンは、インストールするOSを選択します。本書でインストールするRaspberry Pi OSには、執筆時点で12種類の選択肢があり、目的に応じて適切に選択しなければなりません。具体的には次の3項目に対してそれぞれ選択肢があります。

- 64-bit OSか32-bit OSか
- インストールされるアプリケーション数。通常（無印）かフルインストール（Full）か軽量（Lite）か
- OSの新しさ。最新（無印）か一世代前（Legacy）か

1つ目の64-bit OSか32-bit OSかですが、一般に、メモリ量が4GB以上の場合は64-bit OSを用いるべきであるといわれます。そのため、Pi 5とPi 4 Bの場合は64-bit OSを選び、それ以前の機種は32-bit OSを選べばよいでしょう。

2つ目のインストールアプリケーション数ですが、本書では通常版（無印）を推奨します。フルインストール版（Full）を選ぶと、microSDカードの使用量が多くなるので注意してください。軽量版（Lite）は文字の表示だけでグラフィック表示が行われないOSとなってしまいますので選ばないでください。

3つ目のOSの新しさは本書では最新版（無印）を選択します。タイミングによっては、OSのアップデートに伴う不具合などにより、一世代前のOS(Legacy) を選ばざるを得ないことがまれにある、ということは知っておいてよいかもしれません。執筆時点では、最新OSの名称はBookworm、Legacy OSの名称はBullseyeであり、本書ではその両方をサポートしています。ただし、Pi 5 はBookwormでしか動作しません。また、メモリの少ないPi Zero 2 WではBookwormは動作が遅く、執筆時点ではBullseyeのほうが安定して動作するようです。

3つ目のボタン「ストレージの選択（CHOOSE STORAGE)」は、インストール先を選ぶためのボタンです。

2.2.2 Raspberry PiのOSをmicroSDカードにインストールする

さて、Raspberry Pi Imagerが起動したら、お使いのWindowsなどのPCにmicroSDカードを接続しましょう。必要に応じて「microSDカード対応マルチカードリーダー／ライター」などを介して接続するのでした。このとき、microSDカードは購入したてのものか、2.2.3を参考にあらかじめフォーマットしておいたものを用いましょう。

本書では、「デバイスを選択」ボタンに対しては設定を行いませんので、「OSを選択」ボタンをクリックしましょう。図2-11のようにいくつかの選択肢が現れます。

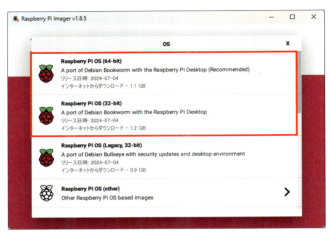

図2-11 Raspberry Pi Imagerの「OSを選択」で「Raspberry Pi OS (64-bit)」または「Raspberry Pi OS (32-bit)」をクリックする

　先に述べたように、本書では「Pi 5かPi 4 Bならば64-bit OS、それ以外は32-bit OS」、「インストールされるアプリケーション数は通常（無印）」、「OSの新しさは最新（無印）」を選ぶのでした。図2-11に記された選択肢では、四角で囲まれた選択肢2つ「Raspberry Pi OS (64-bit)」および「Raspberry Pi OS (32-bit)」のうちどちらかをクリックしてください。ただし、メモリの少ないPi Zero 2 Wでは「Raspberry Pi OS(Legacy, 32-bit)」を選択したほうが安定して動作する可能性があります。

　なお、図2-11にはOSの選択肢として3つが見えます。残りの選択肢は「Raspberry Pi OS (other)」をクリックすると現れますが、本書では用いません。

　次に、図2-10のRaspberry Pi Imagerで、「ストレージを選択」ボタンをクリックしましょう。microSDカードがPCに接続済みであれば、図2-12(A)のように接続したmicroSDカードが選択肢として現れますので、クリックして選択します。

2.2　microSDカードへのOSのインストール

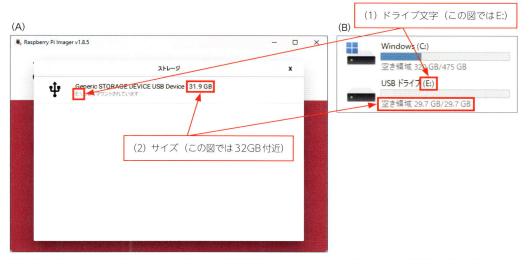

図2-12　(A) Raspberry Pi Imagerで「ストレージを選択」クリックし、microSDカードの選択肢が現れた様子、
(B) エクスプローラーの「PC」で見られるmicroSDカードの情報と一致することを確認

　なお、現れたmicroSDカードが、図2-12(B)のようにエクスプローラーの「PC」の項目に現れるものと一致していることを念のため確認しておきましょう。比較するポイントは「ドライブ文字」（図2-12では「E:」）と「容量」（図2-12では32GB付近の値）です。ドライブ文字はPCの環境によって異なりますので注意してください。microSDカードの容量は、カードに「32GB」と書かれていても、表示は図2-12のように数GBずれることがありますが、気にする必要はありません。

　なお、microSDカード以外に外付けハードディスクなどをPCに取り付けている場合、図2-12(A)のmicroSDカードの選択肢が複数現れます。その際、適切なほうを選択しないと皆さんのPCの大切なデータが破壊されてしまいますので、注意して選択してください。なお、選択肢が多数ある場合はマウスのホイールで選択肢をスクロールして該当するものを見つけましょう。

　また、Raspberry Pi OSを一度インストールしたmicroSDカードは、microSDカードが複数の領域に分割されています。**2.2.3**に従ってmicroSDカードをフォーマットすることでその領域を統合することができます。

　さて、「OSを選択」と「ストレージを選択」の2つの選択肢をセットしたら、図2-10のRaspberry Pi Imagerで「次へ」ボタンをクリックしましょう。すると、図2-13のような、インストール前にOSの設定を促す画面が現れます。

29

第 2 章　Raspberry Pi 用の OS のインストール

図 2-13　インストール前の OS の設定を促す画面

　ここでの設定は、Raspberry Pi をディスプレイにつながずに使う人には便利なのですが、本書ではディスプレイを用いますのであとからでも行うことができ、必須ではありません。そのため、図 2-13 の「いいえ」ボタンをクリックして先に進みましょう。
　すると、「（中略）に存在するすべてのデータは完全に削除されます。本当に続けますか？」のように microSD カードのデータが消えることに対する警告が現れます。「はい」ボタンをクリックして先に進めると、図 2-14 のように microSD カードへの OS のインストールが始まります。

図 2-14　microSD カードに Raspberry Pi OS がインストールされている様子

　数 GB の OS をインターネットからダウンロードして microSD カードへ書き込みますので、30 分以上かかることがありますのでゆっくりお待ちください。
　「書き込み中」が 100％になると「確認中」へと表示が変わり、それも 100％になると microSD

カードへのOSのインストールが完了し、図2-15のような画面になります。この画面になったらPCからmicroSDカードを取り外して構いません。取り外したmicroSDカードを2.3でRaspberry Piに接続します。

図2-15 microSDカードへのRaspberry Pi OSのインストールが完了した様子

なお、職場や学校の環境ではネットワークアクセスの制限により以上の方法ではインストールに失敗することがあります。その場合の対処法はサポートページに記しますので必要に応じてご覧ください。

2.2.3 microSDカードのフォーマット（必要に応じて）

なお、2.2.1でインストールしたRaspberry Pi Imagerは、一度OSをインストールしたmicroSDカードをWindowsなどのPCで使えるようフォーマットし直すときにも使えます。図2-10の「OSを選択」の選択肢から下に進んだ先にある「Erase」を選択して、書き込みを実行すればRaspberry Pi OSがインストールされたmicroSDカードをフォーマットできます。

その後このmicroSDカードにRaspberry Pi OSを再インストールすることもできます。

2.3 Raspberry Piへの電源の接続

2.3.1 Raspberry Piへの周辺機器の接続

　microSDカードへのOSのインストールが終わったら、そのmicroSDカードをPCから取り外し、図2-16（A）のようにRaspberry Piに押し込んでセットします。同様にキーボード、マウス、HDMIケーブルも接続してください。Pi 5を例にすると図2-16（B）のように接続します。それ以前の機種でも、キーボードをさし込む位置が異なる、HDMIケーブルの端子の形状が異なるなどの違いはありますが、おおむね同様に接続できます。ただし、Zero系の機種は接続方法が大きく異なりますので、サポートページをご覧ください。

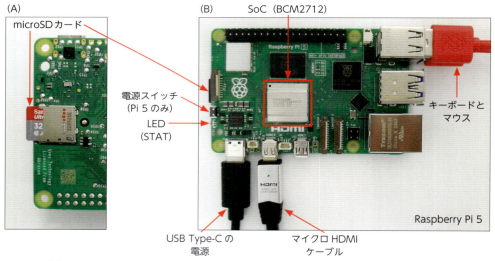

図2-16　（A）microSDカードをセットした様子、（B）Pi 5に周辺機器を接続した様子

　機器を接続する順番は、電源以外はどのような順で接続しても構いませんが、電源だけは最後に接続するようにします。

　なお、Pi 5とPi 4 Bへの周辺機器の接続には2つ注意があります。

　まず、Pi 5とPi 4 BにはUSB 2.0端子（黒色または白色）とUSB 3.0端子（青色）がそれぞれ2つずつあります。USB 3.0に対応した機器をUSB 3.0端子に接続すると高速にデータ転送できるという特徴があります。ここで用いるマウスとキーボードはUSB 3.0に対応していないことが多いので図2-16（B）ではUSB 2.0端子に接続していますが、USB 3.0端子に接続しても高速化の恩恵を受けられないだけで問題なく動作します。

2.3 Raspberry Piへの電源の接続

　Pi 5とPi 4 Bでもう1つ注意すべきなのは、ディスプレイへ接続するための端子です。Pi 5とPi 4 Bには、ディスプレイと接続するためのマイクロHDMI端子が2つあり、基板上を見るとそれぞれの端子の横に「HDMI0」、「HDMI1」と記されています。ディスプレイ2つをそれぞれの端子に接続することでそれらを同時に「デュアルディスプレイ」として使うことができます。本書のようにディスプレイ1つだけを接続する場合は、**図2-16（B）** のように電源用の端子に近い「HDMI0」側に接続するとよいでしょう。

　さらに、**図2-16（B）** にはRaspberry Piの状態を示すLEDの位置と、Raspberry Piの心臓部と呼ぶべきSoC（System on Chip）であるBCM2712の位置も示しました。SoCとはCPU、グラフィック用GPU、RAMなどを1つのチップに収めたものです。

2.3.2　Raspberry Piへの電源の接続

　それでは、Raspberry Piに電源を入れましょう。**図2-16（B）** のように電源用のUSBケーブルをRaspberry Piへ接続することで電源が入ります。電源を切る方法はのちに学びます。

　さて、Raspberry Piに電源をつなぐと、**図2-16（B）** に示した位置のLEDが赤く点灯します。Pi 5では基板上にSTATと書かれた位置のLEDが赤または緑に点灯するのに対し、それ以前の機種では赤（PWR）と緑（ACT）の2つのLEDが存在します。ただし、Zero系の機種には緑（ACT）のLEDしか存在しません。

　電源が入り少し時間がたつと、microSDカードへのアクセスにより緑色のLEDが点滅し、起動が始まります。このとき、いつまでも緑色のLEDの点滅が起こらず起動が始まらないことがあるかもしれません。そのような場合、USB端子を抜き差しすると起動が始まることがあります。

　さて、Raspberry Piに電源を投入したらしばらく待ちましょう。初回の起動は少し時間がかかりますが、最終的にRaspberry Pi OSの設定用画面が開きます。それを確認したら**2.4**に進んでください。

　Raspberry Piに電源を入れても画面に何も表示されない場合、ディスプレイや液晶テレビの入力モードを確認しましょう。Raspberry Piをケースに収めている場合、ケースが干渉してHDMIケーブルが深くさし込まれていない、などのトラブルもあり得ます。

　それらをチェックしてもディスプレイに何も表示されない場合、Raspberry Piとディスプレイの相性が悪いことが原因である可能性があります。サポートページに関連情報を記しますので、必要に応じて参考にしてください。

2.4 インストール後の設定

2.4.1 設定ウィザードによるRaspberry Piの設定

　Raspberry Pi OSを初めて起動させると、ディスプレイ中央に図2-17のような画面が現れ、Raspberry Piを設定するよう促されます。この画面に従っていくと重要な設定を簡単に行えますので、「Next」ボタンをクリックして次に進みましょう。

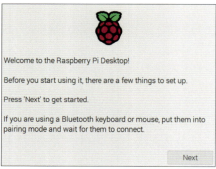

図2-17　設定の開始画面

言語の設定

　まずは図2-18の「Set Country」画面で言語を日本語に設定しましょう。まず、「Country」を「Japan」に設定します。このとき、選択肢はアルファベット順に並んでいることに注意してください。「Country」を「Japan」に設定すると、「Language」と「Timezone」は図のように「Japanese」と「Tokyo」へと自動的に変化します。自動的に変化しなければ手動で変更してください。また、最初からこれらが図2-18の状態になっていることもあります。

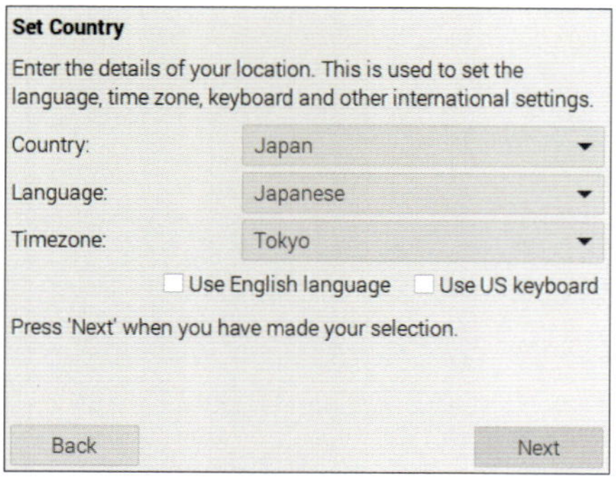

図2-18　言語の設定画面

2.4 インストール後の設定

　なお、この設定により、キーボードが日本語キーボードとして認識されるようになります。以上が終わったら「Next」ボタンをクリックします。

ユーザーの作成とパスワードの設定

　次に、**図2-19**のようなユーザーの作成とパスワードの設定を行う画面が現れます。

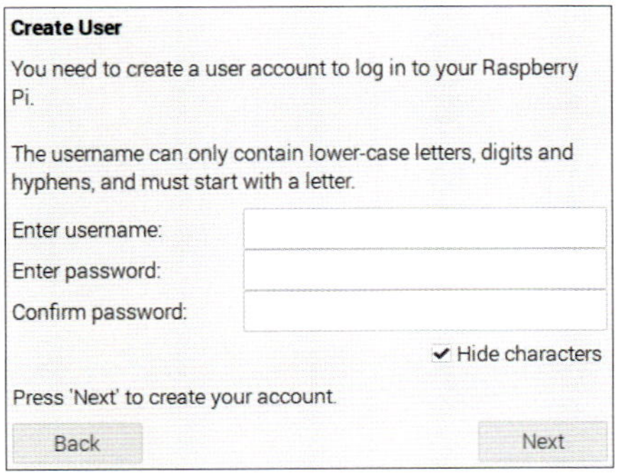

```
Create User

You need to create a user account to log in to your Raspberry
Pi.

The username can only contain lower-case letters, digits and
hyphens, and must start with a letter.

Enter username:    [                    ]
Enter password:    [                    ]
Confirm password:  [                    ]

                              ✔ Hide characters

Press 'Next' to create your account.

[ Back ]                          [ Next ]
```

図2-19 ユーザーの作成とパスワードの設定を行う画面

　古いOSでは「pi」という名前のデフォルトユーザーが使われましたが、現在はユーザーが自分でユーザー名を決めなければいけません。決めたユーザー名はこのRaspberry Pi上でのみ使われるものですから、他人とかぶることを心配する必要はありません。一般的なLinux系OSのユーザー名として使える文字は次のとおりですので、これに従いシンプルなユーザー名を決めましょう。

- アルファベットの小文字
- アンダーバー（_）
- 数字（ただし先頭文字としては使えない）
- ハイフン（-）（ただし先頭文字としては使えない）

　筆者の場合なら「Enter username:」の欄に「kanamaru」を入力します。
　そして、そのユーザーのためのパスワードを決め、**図2-19**の下2つの入力枠に2回入力してください。「Hide characters」のチェックを外すと、入力した文字が表示されます。パスワードは、OSの更新やアプリケーションのインストール時などに、入力を求められることがありますので忘れないようにしましょう。
　入力が終わったら「Next」ボタンをクリックします。

デスクトップのサイズがディスプレイと合わない場合の対処

　Pi 3 B/B+やPi Zero 2 Wでは、次に「Set Up Screen」と呼ばれる設定画面が現れます（Pi 5とPi 4 Bでは現れません）。そこに「Reduce the size of the desktop on this monitor」

という項目に対するチェックを入れることができます。これは、デスクトップが画面からはみ出している場合にチェックすべき箇所です。試したい方はチェックを入れてください。現状のままで構わない方はチェックを入れる必要はありません。

いずれの場合も、「Next」ボタンをクリックします。

Wifiの設定

もし、この時点ですでに皆さんがWifiを使える環境にいるならば、次に現れる図2-20の画面でWifiに接続しても構いません。

図2-20　Wifiの設定画面

接続するネットワークを選択し、「Next」ボタンをクリックすることで、Wifiのパスワードを入力する図2-21の画面になりますので接続を試みてください。

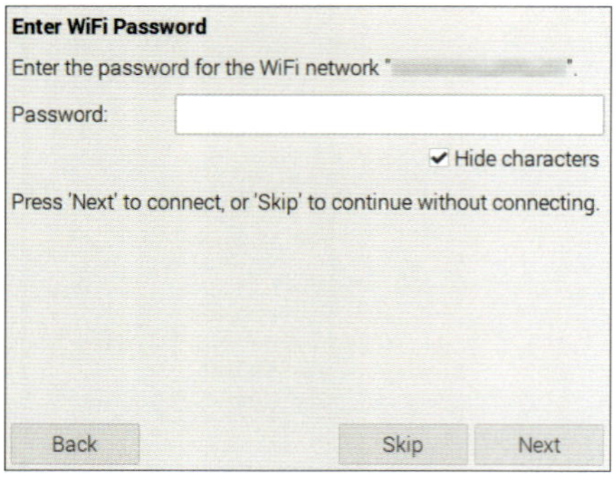

図2-21　Wifiのパスワードの入力画面

Wifi接続できる環境にいない場合、図2-20の画面で「Skip」ボタンをクリックしてWifi接続をスキップしてください。

ブラウザを選択

次に、図2-22のように利用するブラウザを選択する画面が現れます。デフォルトはGoogle Chromeに似たChromium（クロミウム）ブラウザとなっており、これをFirefoxブラウザに変更できます。Firefoxを用いるメリットは、Windowsなどと設定やブックマークを同期できることでしょうか。お好みで変更してください。

図2-22　ブラウザの選択画面

Raspberry Pi Connectの設定

次に、ブラウザ上にRaspberry Piのデスクトップを表示する「Raspberry Pi Connect」の設定を行う画面が現れます。本書では用いませんので、設定を変更せずそのまま「Next」ボタンをクリックしてください。

アップデートをスキップ

Wifiの接続状況に関わらず、図2-23の「Update Software」画面によりOSやソフトウェアの更新を促されます。ここでは「Skip」ボタンをクリックして更新をスキップすることを推奨します。

図2-23　OSとソフトウェアのアップデートを促す画面

第 2 章　Raspberry Pi 用の OS のインストール

更新がたくさんあると、この画面で長時間待たされることになりますし、アップデートは再起動後にデスクトップが開いたあとでも行えるからです。

スキップすると「If installing updates is skipped, translation files will not be installed.」という警告が現れ、これは「スキップすると翻訳ファイルがインストールされない」という意味なのですが、執筆時点では大きな問題は起こっていません。

2.4.2　デスクトップの様子

以上の設定を終えると、図 2-24 のように設定の完了を告げる画面が現れます。「Restart」ボタンをクリックして Raspberry Pi を再起動しましょう。

図 2-24　設定の完了画面

再起動が完了すると図 2-25 (A) のようなデスクトップが開きます。日本語設定を済ませたあとですので、アイコンやメニューなどが日本語で表示されているはずです。

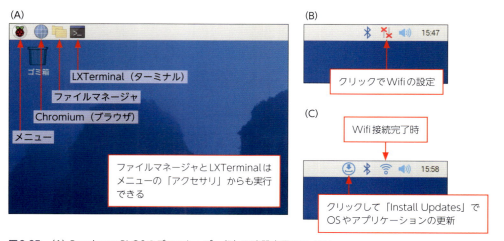

図 2-25　(A) Raspberry Pi OS のデスクトップ、(B) Wifi 設定用のアイコン、
　　　　(C) Wifi 設定後のアイコンの状態と、アップデートアイコン

デスクトップ左上にあるメニューや3つのアイコンは、これから何度も用いることになるでしょう。また、右上にある**図2-25（B）**のアイコンからWifiの設定を行えること、そしてWifiによりネットワークに接続すると、**図2-25（C）**のようにOSやアプリケーションのアップデートを促すアイコンが必要時に自動的に現れ、クリックすることでアップデートが可能なことを知っておくとよいでしょう。アップデート時には先ほど設定したパスワードの入力を促されます。

なお、OSやアプリケーションのアップデートについての一般的な注意を記しておきます。通常のPCでもそうですが、OSを更新するとアプリケーションや外部機器が動作しなくなることがあります。Raspberry Piで電子工作を行う場合も同様で、アップデートにより電子工作のプログラムが動かなくなることがまれにあります。それはLinux系OSの核であるカーネルの更新が行われたときに起こりがちです。そうなったときの対処には、プログラムが呼び出しているライブラリの変更やカーネルそのものの変更が必要なことが多く、一般ユーザーが解決するのは難しいでしょう。OSやアプリケーションのアップデートには、そのようなトラブルがつきものであるということを知っておくとよいかもしれません。本書では、そのようなトラブルを避けるための情報をサポートページでお伝えしていきます。

ここで、初回起動時に行った設定をあとから変更したくなった場合の方法を記しておきましょう。左上のメニューボタンから「設定（Preferences）」→「Raspberry Piの設定（Raspberry Pi Configuration）」をマウスで選択してください。**図2-26**のような設定用アプリケーションが起動します。

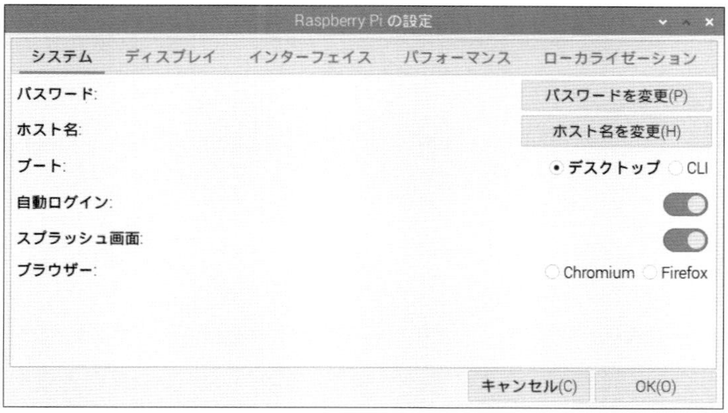

図2-26　設定用アプリケーション

「パスワードを変更」ボタンをクリックすると、パスワードの変更が行えます。ブラウザの変更も最下部で行えます。

Pi 3 B/B+やPi Zero 2 Wならば、**図2-26**の「ディスプレイ（Display）」タブに「画面のブランク」という項目が追加されており、「Set Up Screen」の設定で行った画面サイズについての設定を行えます。

言語の設定を変更したい場合は、**図2-26**の「ローカライゼーション（Localisation）」のタブ

第**2**章 Raspberry Pi 用の OS のインストール

をクリックすると設定を行えます。ポイントだけをまとめると次のようになります。

- ロケールの設定（Set Locale）：言語（Language）を「ja(Japanese)」に、国（Country）を「JP(Japan)」に、文字セット（Character Set）を「UTF-8」に合わせる
- タイムゾーンの設定（Set Timezone）：地域（Area）を「Asia」に、位置（Location）を「Tokyo」に合わせる
- キーボードの設定（Set Keyboard）：モデル（Model）を「Generic 105-key PC」に、配列（Layout）を「Japanese」に、種類（Variant）を「Japanese」に合わせる

2.4.3 Raspberry Piの電源を切る方法

本章の最後に、Raspberry Piの電源を切る方法を解説しましょう。

左上のメニューボタンから一番下の「ログアウト」を選択します。すると「Shutdown(シャットダウン)」、「Reboot(再起動)」、「Logout(ログアウト)」の3つのボタンを持つウインドウが現れますので、「Shutdown」ボタンをクリックすることでRaspberry Piのシャットダウンが始まります。なお、Pi 5では、LEDの横の小さなスイッチを押すことでも上の3つのボタンが現れますので、そちらからシャットダウンしても構いません。

このとき、今後のためにRaspberry PiのLEDの状態を観察しておきましょう。**図2-16(B)** で示したLEDがしばらく緑色で点滅します。ディスプレイの表示が消え、LEDが赤く点灯した状態になればシャットダウンは終了しています。この状態でRaspberry Piから電源を取り外しましょう。

なお、Pi 5では、シャットダウンが終了しLEDが赤色の状態でそのままにしておいても構いません。その間、Pi 5の時刻はずれずに維持されます。そしてその後、LEDの横のスイッチを押すことで、再び電源を入れることができます。通常のPCの使い方に近づいているわけです。もちろん、従来の機種のように電源を取り外しても構いません。

なお、Raspberry Piが動作中にも関わらずLEDが赤く点滅している場合、電源の電圧や供給される電流が小さいという問題が起こっている可能性があります。画面右上に「この電源は5Aを供給できません。周辺機器への電力供給は制限されます」と表示されている場合（Pi 5の場合）も同様です。そのままでも動作することは多いですが、電源の変更を検討するのもよいでしょう。

第 3 章

電子工作の予備知識および
Raspberry Piによる
LEDの点灯

- 3.1　本章で必要なもの
- 3.2　電子工作を学ぶ上で必要な予備知識
- 3.3　Raspberry Piを用いたLEDの点灯回路の実現
- 3.4　抵抗のカラーコード

第 **3** 章 電子工作の予備知識および Raspberry Pi による LED の点灯

3.1 本章で必要なもの

本章では、Raspberry Pi を用いて LED（エルイーディー、Light Emitting Diode）を点灯させることを目標にします。LED とは発光ダイオードとも呼ばれる発光する電子部品です。本章で必要な物品をまとめると、**表3-1** のようになります。

表3-1　本章で必要な物品

物品	備考
Raspberry Pi 一式	必須。2章でOSの起動を確認したもの
330Ωの抵抗1本	必須だが、150Ω～330Ω程度のもので可。コラムで紹介するセットに含まれている。単品で購入する場合は秋月電子通商の販売コード125331（100本入）、千石電商のコード8AUS-6UHY（10本から）など
赤色LED1個	必須。コラムで紹介するセットに含まれている。単品で購入する場合は秋月電子通商の販売コード102320（10個入）など
ブレッドボード	必須。コラムで紹介するセットに含まれている。単品で購入する場合は秋月電子通商の販売コード105294や100315、千石電商のコードEEHD-4D6Pなど
ブレッドボード用ジャンパーワイヤ（ジャンプワイヤ）（オス−メス）	必須。コラムで紹介するセットに含まれている。単品で購入する場合は秋月電子通商の販売コード108933とその色違いなど
ブレッドボード用ジャンパーワイヤ（ジャンプワイヤ）（オス−オス）	任意だが、5章以降で必要になるので、ここで準備するのを推奨。コラムで紹介するセットに含まれている。単品で購入する場合は秋月電子通商の販売コード105159など
ニッパ	抵抗やLEDの端子を短くカットするため、用意することを推奨

各項目について、以降で1つずつ解説していきます。

3.1.1 抵抗（330Ω）と赤色LED

まず、図3-1のような330Ω（オーム）の抵抗と赤色LEDを1つずつ用意します。

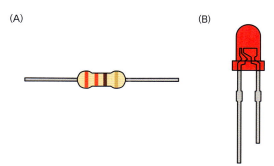

図3-1 （A）抵抗（330Ω）と（B）赤色LED

「330Ω」というのは抵抗の大きさを表しています。「抵抗の大きさ」とは何かについてはのちに紹介しますが、ここでは抵抗のカラーコードについて少し触れておきましょう。

抵抗の表面に4本か5本の色つきの帯が描かれています。330Ωの抵抗では、これらの帯の色は「オレンジ、オレンジ、茶、金」の4本であることが多いです。このカラーコードは抵抗の大きさを表しています。その読み方を 3.4 にまとめますので、必要に応じて参照してください。

もう一方の赤色LEDは、発光部のパッケージが赤色のものと、透明のものがあります。どちらを用いても構いません。

さて、このような抵抗やLEDはたとえば次のサイトで通信販売により購入できます。

- 秋月電子通商（https://akizukidenshi.com/）
- 千石電商オンラインショップ（https://www.sengoku.co.jp/）

抵抗は頻繁に用いる部品なので、1本単位で購入するよりは、複数本のセットを購入するか10本単位で購入するのがよいでしょう。なお、3.3.6 で詳しく述べますが、抵抗の大きさは330Ωに限らず、150Ω〜330Ω程度のもので構いません。また、LEDは抵抗内蔵ではないもので、サイズは3mmか5mmのものが扱いやすいでしょう。

なお、コラムで紹介する秋月電子通商のパーツセットに330Ωの抵抗と赤色LEDが含まれています。

第3章　電子工作の予備知識および Raspberry Pi による LED の点灯

COLUMN

秋月電子通商のパーツセット

　抵抗やLEDのようなこまごまとしたパーツを必要になるたびに購入するのは面倒なので、よく使う部品をまとめて入手できるセットがあると便利です。

　そこで、秋月電子通商様に、本書のためのパーツセットを用意していただきました。このセットを用いると、本書の3章から9章の演習を行うことができます。

　秋月電子通商のページを、本書の名称「Raspberry Piで学ぶ電子工作」で検索すると見つけられると思います。ただしその場合、本書の旧版用のパーツセットも見つかるかもしれません。本書用のものを選ぶよう注意してください。また、本書のサポートページからリンクをはっています。

　このパーツセットの内容物は次のとおりとなります。これらを収めるためのケースを、100円ショップなどでお買い求めになるとよいでしょう。

- ブレッドボード
- ジャンパーワイヤ（オス－メス、オス－オス）
- 抵抗（330Ω、10kΩ）
- LED（赤色、RGBフルカラーLEDとLED光拡散キャップ白）
- タクトスイッチ
- 半固定抵抗
- CdSセル
- 12ビットADコンバータ
- 温度センサモジュール
- 小型液晶（LCD）
- セラミックコンデンサ
- DCモーター
- サーボモーター
- モータードライバ
- 電池ボックス

3.1.2　ブレッドボード

　ブレッドボードとは**図3-2**のように穴がたくさん空いたボードです。この穴に電子部品をさし込むだけで、はんだごてを使うことなく回路を作成できます。秋月電子通商や千石電商でも取り扱われていますし、コラムで紹介した秋月電子通商のパーツセットにも含まれています。

3.1.3　ブレッドボード用ジャンパーワイヤ（ジャンプワイヤ）（オス－メス）

　図3-3（A）のようなオス－メスタイプのジャンパーワイヤを、Raspberry Piとブレッドボードを接続するために用います。以後すべての章で用いますので、さまざまな色をそれぞれ複数本購入するのがよいでしょう。

　なお、このオス－メスタイプは秋月電子通商のパーツセットにも含まれています。

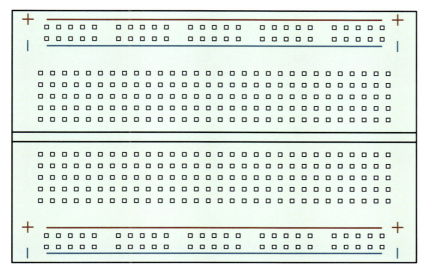

図3-2　ブレッドボード

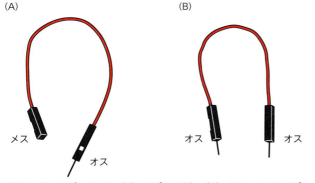

図3-3　ジャンパーワイヤ（ジャンプワイヤ）。(A) オス－メスタイプと (B) オス－オスタイプ

3.1.4　ブレッドボード用ジャンパーワイヤ（ジャンプワイヤ）（オス－オス）

　図3-3(B) のようなオス－オスタイプのジャンパーワイヤをブレッドボード内の配線に用います。本章の内容はこのオス－オスタイプがなくても実行できますが、次章以降、必要になる章が多いので購入することをおすすめします。

　なお、このオス－オスタイプは秋月電子通商のパーツセットにも含まれています。

3.2 電子工作を学ぶ上で必要な予備知識

まず、手を動かす前に電子工作を学ぶ上での予備知識をおさらいしましょう。

3.2.1 電流と電圧

豆電球と電池による例

　Raspberry Piを用いて電子工作を学ぶに当たって、いくつかの用語を知っておく必要があります。ここではまず「電流」と「電圧」という2つの用語を押さえておきましょう。

　電流とは、電気的な性質を帯びた電荷の移動のことであり、さらにその大きさのことも表します。大きさを表す場合、その単位はA（アンペア）です。また、電圧は電流を流すための圧力のことであり、その単位はV（ボルト）です。

　どちらも具体例を紹介したほうがわかりやすいでしょう。題材としては**図3-4（A）**のように「豆電球に乾電池をつないで点灯させる」という例を取り上げます。小学校の理科などで経験がある、という人も多いのではないでしょうか。さらに、**図3-4（B）**のように豆電球の2つの導線を電池なしで接続しても点灯しないことも想像できるのではないかと思います。

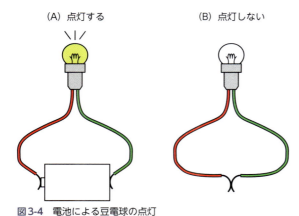

図3-4　電池による豆電球の点灯

回路図のための図記号

　ここからは**図3-4**の現象を「電流」、「電圧」という用語を用いて理解することを目指します。その前に回路の図を描くために用いる図記号にも触れておきましょう。**図3-5**に電池と電球、さらにあとに登場する抵抗の図記号を記しました。

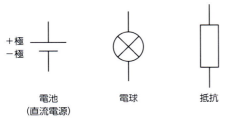

図3-5 電池、電球、抵抗の図記号

このような図記号を用いることで、図3-4のような写実的な図を描くよりもシンプルに回路図を描くことができます。なお、抵抗の図記号として以前はギザギザの線を用いていましたが、1990年代後半に制定された規格では図3-5のように長方形で表示するようになりました。

水の流れとポンプによる電流と電圧の理解

さて、図3-6を見ていきましょう。図3-6（A）は豆電球の2本の導線を電池なしで接続した状況、図3-6（C）が豆電球を電池に接続して点灯した状況を表しています。この2つの違いは、電池がない場合は電流が流れず、ある場合は電流が流れることです。これを図3-6（B）、図3-6（D）では水の流れるプールと、そこに配置された水車、という例えで説明しています。

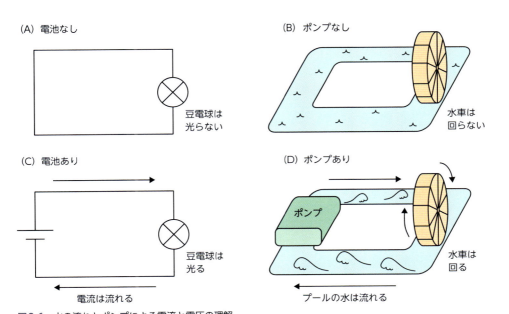

図3-6 水の流れとポンプによる電流と電圧の理解

図3-6（B）のように水を流す力が存在しないとき、プールの水は流れず水車は回りません。これが「電流が流れず豆電球は光らない」ことに対応しています。

一方、図3-6（D）のようにプールに水の循環用にポンプを設置すると、プールの水は流れ水車が回ります。これが「電流が流れ、豆電球が光る」ことに対応します。

以上の例では「水の流れ」が電流を表し、「水の循環用のポンプ」が図3-6（C）の電池を表します。それでは、何が電圧を表しているでしょうか。それは「ポンプが作り出す、水を流そうとする圧力」です。ポンプが水を流そうとする圧力を生み出すのと同様に、電池が電圧を発生し、電流を回路内に流すことで豆電球が光るわけです。これが電流と電圧に対する直観的な解説です。

3.2.2 抵抗

電流、電圧の2つの用語についてイメージをつかんだところで、次は「抵抗」という用語について学びましょう。

抵抗とは電流を流れにくくするもので、「電気抵抗」とも呼ばれます。そしてその大きさの単位はΩ（オーム）です。図3-7（A）と図3-7（B）が電池に抵抗を接続したところですが、それぞれ抵抗の大きさに違いがあります。抵抗が小さい場合は流れる電流が大きく、抵抗が大きければ流れる電流が小さくなります。

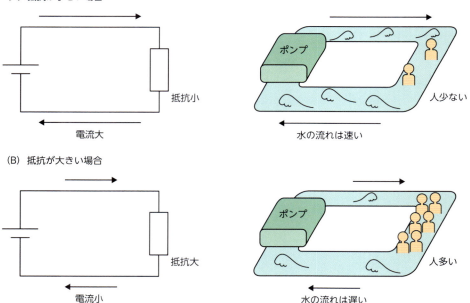

図3-7 水の流れとポンプによる抵抗の理解

これも水が流れるプールの例えで説明するとわかりやすいでしょう。抵抗は電流を流れにくくするものでしたので、「水を流れにくくするもの」と例えることができます。図3-7の右側では抵抗の大きさを「プールにいる人の数」として表現してみました。人が少なければ水は流れやすく、人が多ければ水が流れにくい、というわけです。

抵抗が使われる場面としては、「流れる電流の量を適切な値に調節したい場合」、「電気的に接続したいが大きな電流を流したくない場合」などが挙げられます。前者の使い方は本章で用いますし、後者の使い方は5章で用います。

3.2.3 電位とグラウンド

次に電位について学びましょう。3.2.1で学んだ電圧を、電位という考え方で捉え直すことになります。

まず、抵抗と乾電池からなる回路の回路図を示したのが図3-8（A）です。多くの乾電池の電圧は1.5Vですが、この電圧とは乾電池の−極と＋極の間の電気的なエネルギー（静電ポテンシャル）の差で定義されます。この静電ポテンシャルのことを回路では「電位」とも呼びます。電位には基準点（電位がゼロとなる点）が必要で、それを「グラウンド（GND）」と呼びます。図3-8（A）の回路において電池の−極に接続された部分をGNDと考えると図3-8（B）のようになります。GNDの図記号として逆三角形が登場していることに注意してください。電圧は回路上の2点で決まりますが、電位は回路上の1点で決まる量であることが図3-8（B）に示されています。なお、電圧は2点の電位の差ですから、「電位差」とも呼ばれます。

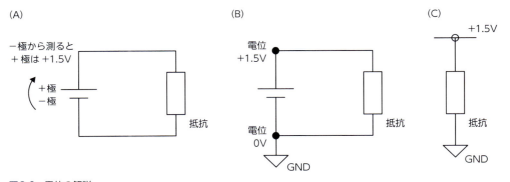

図3-8 電位の解説

以上の知識を用いると、図3-8（A）と等価な回路を図3-8（C）のように描けます。回路図の上部に電位＋1.5Vの点があり、それとGNDの間に抵抗が挟まれています。電位＋1.5Vの点からGNDに向かって電流が流れるわけです。以後は図3-8（C）の描き方で回路を描くことが多くなりますので、この形式に慣れておきましょう。

3.2.4 オームの法則

電流、電圧、抵抗について学びましたので、この3つの関係を表すオームの法則について触れておきましょう。図3-9のように$V[\mathrm{V}]$の電圧を持つ電源に$R[\Omega]$の抵抗を接続したとき、$I[\mathrm{A}]$の電流が流れるとします。このとき、V、R、Iの間には以下の「オームの法則」が成り立ちます。

$$V = RI$$

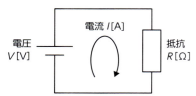

図3-9　オームの法則の解説に用いる回路

これを「$I = V/R$」のように変形すると、回路に流れる電流Iを大きくするためには、電圧Vを大きくするか抵抗Rを小さくすればよいことがわかります。

この本では式を多用するわけではありませんが、オームの法則は重要であり、本章でも用いますのでここで紹介しました。

3.3 Raspberry Piを用いたLEDの点灯回路の実現

3.3.1 LEDとは

　3.2では電子工作を学ぶ上での基礎知識を学びましたが、ここからは実際に手を動かして簡単な回路を作成してみましょう。もちろん、Raspberry Piも用います。目標とするのは、LEDを点灯する回路です。

　LEDは「発光ダイオード」とも呼ばれますが、順方向に電圧を加えると発光する電子部品のことです。消費電力が小さく、寿命が長いという特長があります。電化製品の状態を表示するインジケーターなどに使われるほか、最近は蛍光灯や電球を置き換える用途で普及が進んでいますし、屋外でも電光掲示板や信号機で使われていますので、普段の生活で知らず知らずのうちに接しているという方は多いでしょう。

　代表的なLEDは図3-10(A)のような形状をしており、図記号は図3-10(B)です。豆電球などと違い、向きがあることに注意してください。豆電球を電池につなぐときは、電池の＋－の向きを気にせずに接続することができましたが、LEDを電源につなぐときは向きが正しくなければいけない、ということです。LEDには2本の端子があり、長いほうを「アノード」、短いほうを「カソード」と呼び、アノードを電位が高い側、カソードを電位が低い側に接続します。

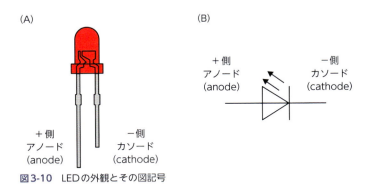

図3-10　LEDの外観とその図記号

3.3.2　LEDを点灯する回路

このLEDを用いて作成する回路が図3-11です。330Ωの抵抗とLEDを+3.3Vの電源に直列につなぐ回路です。なお、図のように一列に回路部品をつなぐことを「直列接続」といいます。

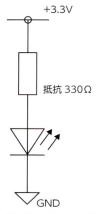

図3-11　LEDを点灯する回路

LEDは取扱いが容易な赤色のLEDを用いましょう。豆電球と違い、抵抗を用いる必要があることに注意してください。この抵抗は、LEDに流れる電流を適切な大きさに調節するために用います。その理由と、抵抗の大きさ（ここでは330Ω）の選び方はのちに3.3.6で解説します。まずは実際に点灯させてみることを目指しましょう。

図3-11の回路によりLEDを点灯させることができるのですが、ここで問題になるのが、回路図で+3.3Vと書かれた部分とGNDの部分をどう実現するかです。ここでは、これらをRaspberry Pi上のピンを用いて実現します。そのために、まずはRaspberry Pi上にあるGPIO（General-Purpose Input-Output）ポートについて知っておきましょう。

3.3.3　Raspberry Pi上のGPIOポート

Raspberry Piの基板表面を見ると、40本のピンが立っている箇所があります。このピンの集合を「GPIOポート」といいます。これをRaspberry Piの右上に来るような向きで描いたのが図3-12です。

3.3 Raspberry Pi を用いた LED の点灯回路の実現

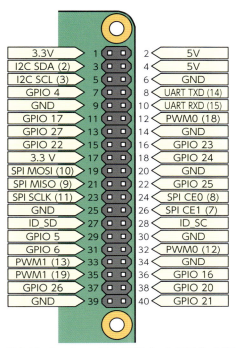

図3-12 Raspberry Pi の GPIO ポートの各ピンの役割

　図中にはピンの横に1から40の数字が左右交互に表示されていますが、これを「ピン番号」といいます。そして、そのピン番号の横に吹き出しでさまざまな文字や数字が描かれていますが、これらはそれぞれのピンの意味や用途を表しています。本書では以後の章でこの部分の使い方を解説していくことになります。また、「I2C SDA (2)」のようにカッコに入った数字が書かれている場合は、そのピンが「GPIO 2」という別名を持つことを示します。

　図3-12は今後頻繁に用いるので、図の部分をコピーして、Raspberry Piの近くに置いておくと便利です。この図は回路の配線図のPDFにも含まれていますので、そちらを印刷してもよいでしょう。そのPDFはサンプルファイルのフォルダの中にあり、サポートページからもダウンロードできます。

　本章に関係するのは3.3Vを表すピン1と17、そしてGNDを表すピン6、9、14、20、25、30、34、39です。同じ役割のピンが複数ありますが、これらは内部でつながっていますので、どれを用いても構いません。ここでは3.3Vとしてピン1、GNDとしてピン6を用いることにしましょう。

　なお、図3-12を見ると、ピン2、4は5Vを出力するピンとなっていることがわかるでしょう。この5Vのピンと本章で用いる3.3Vのピンの関係を図3-13により簡単に解説しておきましょう。

53

第 3 章　電子工作の予備知識および Raspberry Pi による LED の点灯

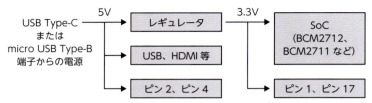

図3-13　電源の供給先

　まず、Raspberry PiにはUSB Type-Cまたはmicro USB Type-B端子から電源を供給していますが、この電圧は5Vです。この5Vは、皆さんの用いるキーボードやマウスのようなUSB機器や、HDMIディスプレイ用の端子へ供給され、さらにGPIOポートのピン2と4へも供給されます。

　しかし、Raspberry Piの心臓部のSoCが動作する電圧は5Vではなく、3.3Vです。そのため、レギュレータと呼ばれる部品で5Vを3.3Vに降圧したものがSoCへ供給されます。そして、その3.3Vがピン1と17からも利用できるわけです。

　この**図3-13**からいくつか重要なことがわかります。まず、**2.1.5**において、USB Type-Cまたはmicro USB Type-B端子へ接続する電源はRaspberry Piの動作に必要な電流を供給できるものを用意する必要がある、と述べました。その電流は**図3-13**のようにSoCやUSB、GPIOのピンなど、Raspberry Pi上のさまざまな部品に供給されます。

　そのため、ピン1やピン17に自作の回路を接続し、たくさんの電流を流してしまうと、SoCへ供給される電流が少なくなり、その結果システムが不安定になってRaspberry Piが強制終了してしまう、などということが起こります。**3.2**では電流を水の流れに例えていますが、電流が少なくなる様子は、川が分岐して徐々に川幅が細くなっていくことを想像すればイメージしやすいでしょうか。

　そのため、この3.3Vや5Vのピンを電源として用いる際は、あまり大きな電流が流れないよう注意する必要があります。細かくいうと、まず5Vピンに流せる電流は、電源が供給できる電流から、SoCや周辺機器が消費する電流を引いた大きさです。3.3Vピンに流せる電流は**図3-13**のレギュレータの性能で決まります。レギュレータが流すことができる電流は、Pi Zero 2 Wでは1A、Pi 3B/B+では1.5Aであることが公式の公開している資料からわかり、Pi 4 B以降は公開されていないものの、Pi 5では2.0A以上であると考えられます。

　図3-13から読み取れるもう1つ重要なことは、5Vを出力するピンの取扱いには注意すべきだということです。ピン2と4から5Vを利用できますが、この電圧を誤って**図3-13**において3.3Vで動いている領域に与えてしまうと、Raspberry Piを壊してしまう可能性がある、ということです。そのため、5Vピンの利用の際はピンを回路のほかの部分に接触させないよう注意すべきですし、本書での利用は上級者向けとします。

3.3.4 ブレッドボードの内部構造

これで図3-11の回路に描かれているすべての要素を揃えることができました。あとはこれらをどのように接続するかですが、そのためにブレッドボードとジャンパーワイヤを用います。

ブレッドボードにはたくさんの穴があり、そこにジャンパーワイヤや電子部品を直接さし込むことで回路を作成します。ブレッドボードは、**図3-14**のように灰色の部分が内部でつながっています。この性質に注意して回路を作成していきます。

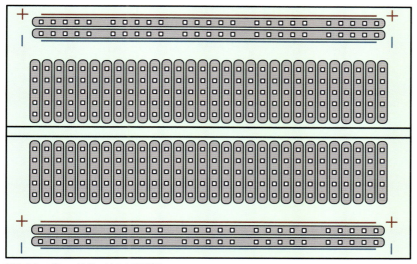

図3-14　ブレッドボードの内部接続

3.3.5 回路の接続

ブレッドボード上への回路の構成

それでは、実際に**図**3-11の回路をブレッドボード上に構成していきます。まず、Raspberry Piの電源を入れます。

そして回路を構成していきますが、完成した状態を先に示すと、**図**3-15のようになります。ジャンパーワイヤのオス−メスタイプとオス−オスタイプの両方を使う構成（**図**3-15（A））とオス−メスタイプしか使わない構成（**図**3-15（B））の両方を示しました。**図**3-15（A）のように3.3Vのピンと GND のピンをブレッドボードの＋と−の位置に接続すると、横一列がそれぞれ3.3Vと GND として使えますので、作成する回路が複雑になったときには便利です。

第 3 章　電子工作の予備知識および Raspberry Pi による LED の点灯

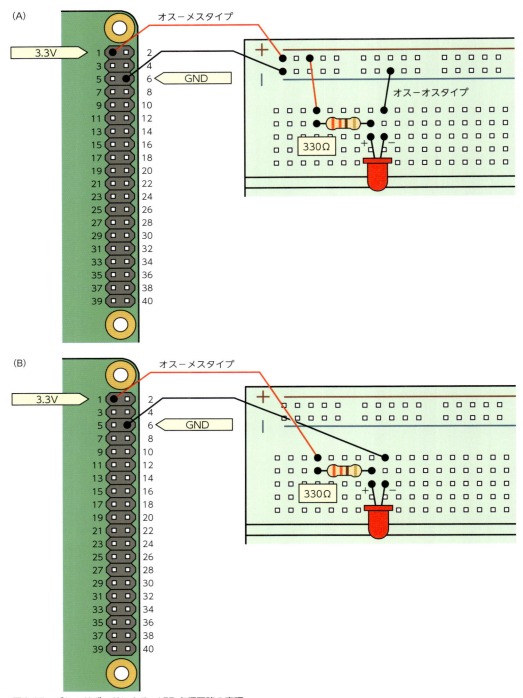

図3-15　ブレッドボードによる、LED点灯回路の実現

図3-15と、図3-14のブレッドボードの内部接続図をよく見て、図3-11の回路が図3-15で実現されることをまず確認しましょう。コツとしては、Raspberry Piの3.3Vのピン1から出発して、電気的に接続された部分をたどって抵抗→LEDのアノード（＋）→LEDのカソード（−）→GNDまでたどり着けるかをチェックするのがわかりやすいでしょう。LEDの接続には向きがあることに注意してください。LEDを逆に接続するとLEDが壊れてしまうことがあります。なお、LEDとは異なり抵抗には向きがありません。

ブレッドボードに回路を構成する際の注意

図3-15の構成が作成したい回路と一致していることが確認できたら、ブレッドボードにジャンパーワイヤ、抵抗とLEDをさし込んでいきます。ここで、Raspberry Piとブレッドボードをオス−メスタイプのジャンパーワイヤで接続するとき、ブレッドボード側のオスピンから先にさし込むことをおすすめします。なぜかというと、Raspberry Piの3.3VピンとGNDピンを接触させると、Raspberry Piが壊れてしまう可能性があるからです。メスピン側から先にさし込んでオスピン側の端子が露出した状態にすると、手が滑って接触（ショート）させてしまうことが起こり得ます。オスピン側を先にブレッドボードにさし込むことでこの危険を回避できるのです。

さらに、抵抗とLEDを購入時のままでブレッドボードにさし込むと、長い端子がむき出しになるという問題があります。本章の回路くらいシンプルなものであればトラブルは少ないですが、より複雑な回路をブレッドボード上に構成する際に、接触すべきではない箇所が接触して回路が誤動作する恐れがあります。そのため、抵抗やLEDの端子は図3-16のようにブレッドボードに適した長さにニッパでカットするのがよいでしょう。端子の先端がテープでとめられているLEDの場合、カットすることで、端子のうちテープの糊の付いた部分を除去できるという効果もあります。

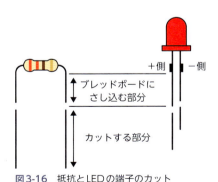

図3-16　抵抗とLEDの端子のカット

ただし、LEDの端子を同じ長さでカットすると、端子の長さでアノードとカソードを見分けることができなくなります。図3-16のようにカットする際に少しだけ長さを変えておくとわかりやすいでしょう。

さて、すべての接続が完了したらLEDは赤く点灯するはずです。点灯することを確認できた

第**3**章　電子工作の予備知識および Raspberry Pi による LED の点灯

らこの章の目標は達成です。ここで行った接続は以後の章での基本となるものですので、しっかりとマスターしてもらいたいと思います。ここで以下の練習をしておくとよいでしょう。

1. **図3-15**の接続例を見て、これが**図3-11**の回路に対応していることをすぐ理解できるように慣れる
2. **図3-15**の接続例を見ず、**図3-11**の回路図だけを見てブレッドボード上に回路を構成してみる

　特に 2. に慣れておくと、以後の章をスムーズに読み進めることができるでしょう。実際に試してみると、このブレッドボード上への回路の構成が何通りもあり得ることがわかると思います。

　なお、ここで作成した回路を一言で説明すると、「Raspberry Pi の GPIO ポートを電池の代わりとして用いて LED を点灯した」ということになります。ここまでの知識ではまだ LED の点灯・消灯をプログラムから制御するということはできません。それを次章で学ぶことになります。

ブレッドボードから接続を外す際の注意

　回路を片付ける際は Raspberry Pi やブレッドボード上にさし込んだジャンパーワイヤを抜いていくことになります。回路作成時と同様、Raspberry Pi の電源が入った状態で行って構いませんが、その際注意すべきことがあります。**図3-15**の回路の作成に用いた、3.3V のピンに接続したジャンパーワイヤと GND のピンに接続したジャンパーワイヤの 2 つの端子部を接触させないでください。そのために、ブレッドボード側ではなく Raspberry Pi 側のメスピンから抜くとよいでしょう。

　接触させてしまうと、3.3V ピンと GND ピンの間で大きな電流が流れ、Raspberry Pi が壊れることがあります。

3.3.6　LED の電流制限抵抗の計算

　本章の最後に、**図3-11**の回路でなぜ抵抗を用い、そしてなぜ抵抗の大きさとして 330 Ω を選んだのかを解説します。

　まず、LED が点灯しているとき、LED の両端の電圧はほぼ一定に近い値を取る性質があります。この電圧を「順方向降下電圧」といい、記号では V_f と書きます。順方向降下電圧の値は LED によって異なりますが、赤色 LED の場合は 2.1V 程度を取ることが多いです。詳細な値は、LED のデータシートや購入したネットショップの商品ページに記されています。

　秋月電子通商の販売コード 102320 の赤色 LED の V_f は 1.85V ですのでこの値で考えましょう。

　この LED に順方向降下電圧より大きい電圧を直接接続すると、大きな電流が流れてしまい、LED が破壊されることがあります。それを避けるための方法の 1 つが、抵抗を LED と直列に接続し、電流を制限する方法です。このときに用いる抵抗を「電流制限抵抗」と呼びます。

　次に、電流制限抵抗の値をいくつにすべきかを考えます。そのためには、用いる LED がどれくらいの電流で使用することを想定しているかを調べる必要があります。やはりデータシートや

58

ショップのページを調べると、LEDの両端電圧がV_fとなるときの電流値I_fが記されており、10mAか20mAのことが多いです。「m（ミリ）」は1,000分の1を表しますから、これは0.010Aおよび0.020Aと等しくなります。ここでは$I_f=0.010$Aと考えましょう。

我々の回路で求めたいのは、「抵抗とLEDの直列接続を3.3Vの電源につないだとき、LEDに0.010Aの電流が流れるような抵抗の値」となります。**図3-17**をもとに考えると、抵抗の両端の電圧は$3.3-V_f=1.45$Vとなります。この抵抗には0.010Aの電流が流れて欲しいので、抵抗Rは**3.2.4**で学んだオームの法則により

$$R = 1.45\text{V}/0.010\text{A} = 145\,\Omega$$

と計算されます。これが、このLEDに10mAの電流が流れるようにするために必要な電流制限抵抗の値です。これより小さな抵抗は、LEDに大きな電流を流してしまうので用いるべきではありません。

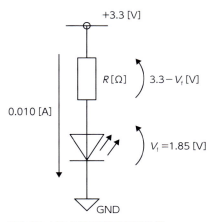

図3-17 LEDの電流制限抵抗の計算

今回はこの145Ωよりもかなり大きな値である330Ωを用いました。その理由は、330Ωの抵抗は回路の学習セットなどに含まれることが多く入手しやすいためです。大きな抵抗を用いると、回路に流れる電流が小さくなるため、LEDの点灯が暗くなります。もし皆さんが330Ωよりも小さい抵抗（たとえば150Ωなど）を入手できたら、そちらでも回路を組んでみて、LEDの明るさを比較してみてください。330Ωを用いた回路よりもLEDが明るく光ることを確認できるでしょう。

3.4 抵抗のカラーコード

抵抗には色付きの帯が描かれています。これは抵抗の大きさを表しています。ここではその読み方を紹介します。

抵抗の帯の本数は4本のものや5本のものなどがありますが、多く見かけるのは4本のものです。判別する際は、**図3-18**のように、帯の間隔が広いほうや、端の帯が太いほうを右に置きます。なお、帯の太さや間隔がほぼ左右対称に見えることもありますが、入手しやすい抵抗では、片方の端が金色のことが多いので、その場合は金色を右に置くようにします。そうすると、数値、乗数、誤差の意味を持つ帯が図のように配置されます。

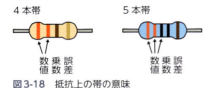

図3-18 抵抗上の帯の意味

そして、それぞれの色の意味は**表3-2**のとおりです。

表3-2 抵抗の色の意味

色	数値	乗数	誤差
黒	0	1	-
茶	1	10^1	±1%
赤	2	10^2	±2%
オレンジ	3	10^3	±0.05%
黄	4	10^4	-
緑	5	10^5	±0.5%
青	6	10^6	±0.25%
紫	7	10^7	±0.1%
グレー	8	10^8	-
白	9	10^9	-
銀	-	10^{-2}	±10%
金	-	10^{-1}	±5%
無色	-		±20%

ここでは、本書でよく用いる$330\,\Omega$と$10k\,\Omega$の抵抗の読み方を記しておきましょう。

330 Ω

オレンジ、オレンジ、茶、金→$33 \times 10^1\,\Omega \pm 5\% = 330\,\Omega$（誤差$\pm 5\%$）

10k Ω

茶、黒、オレンジ、金→$10 \times 10^3\,\Omega \pm 5\% = 10 \times 1000\,\Omega \pm 5\% = 10k\,\Omega$（誤差$\pm 5\%$）

最後の計算では、$1000\,\Omega = 1k\,\Omega$という関係を用いています。

第 4 章

プログラミングによる
LED の点滅

4.1 本章で必要なもの
4.2 LEDの点滅をどのように実現するか
4.3 LED点滅のためのプログラムの記述

第 **4** 章　プログラミングによる LED の点滅

4.1　本章で必要なもの

　本章では、Raspberry Pi を用いて LED を点滅させることを目標にします。3章では LED を点灯させましたが、LED と抵抗を3.3V の電源に接続しただけですので LED の点灯、消灯を制御することはできませんでした。ここでは Raspberry Pi 上で動作するプログラムを書くことで、LED を一定間隔で点滅させます。

　必要な物品は**表4-1**のとおりです（**表3-1**の再掲）。

表4-1　本章で必要な物品（表3-1の再掲）

物品	備考
Raspberry Pi 一式	必須。2章で OS の起動を確認したもの
330Ωの抵抗1本	必須だが、150Ω〜330Ω程度のもので可。コラムで紹介するセットに含まれている。単品で購入する場合は秋月電子通商の販売コード125331（100本入）、千石電商のコード8AUS-6UHY（10本から）など
赤色 LED1 個	必須。コラムで紹介するセットに含まれている。単品で購入する場合は秋月電子通商の販売コード102320（10個入）など
ブレッドボード	必須。コラムで紹介するセットに含まれている。単品で購入する場合は秋月電子通商の販売コード105294や100315、千石電商のコードEEHD-4D6Pなど
ブレッドボード用ジャンパーワイヤ（ジャンプワイヤ）（オス−メス）	必須。コラムで紹介するセットに含まれている。単品で購入する場合は秋月電子通商の販売コード108933とその色違いなど
ブレッドボード用ジャンパーワイヤ（ジャンプワイヤ）（オス−オス）	任意だが、5章以降で必要になるので、ここで準備するのを推奨。コラムで紹介するセットに含まれている。単品で購入する場合は秋月電子通商の販売コード105159など
ニッパ	抵抗やLEDの端子を短くカットするため、用意することを推奨

4.2 LEDの点滅をどのように実現するか

　LEDの点滅は、電子工作の学習を始めるに当たって多くの人が必ずといってよいほど学ぶ題材です。「LEDをチカチカさせる」わけですから、これを略して「Lチカ」と呼ぶこともあります。LEDを点滅させるためには、次の2つを考える必要があります。

- どのような回路を組むべきか
- どのようなプログラムを記述すべきか

　前者の回路については3章ですでに練習を済ませていますので、本章の主題は後者の「どのようなプログラムを記述すべきか」ということになります。

4.2.1　LED点滅のための回路

　LED点滅のために必要な回路の回路図は図4-1です。この回路は3.3で取り扱った回路（52ページの図3-11）とほとんど同じです。3.3では3.3Vピンに接続した部分が、図4-1では「GPIO 25」となっています。

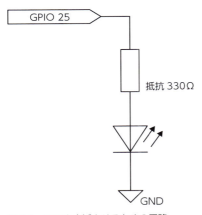

図4-1　LEDを点滅させるための回路

　これは53ページの図3-12に示されているRaspberry PiのGPIOポートにあるピンの1つを表しています。つまり、3.3においてRaspberry Piとブレッドボードで実現した回路の3.3VピンをGPIO 25のピンにつなぎかえるだけです。
　なぜこれでLED点滅が実現できるのかを先に解説しましょう。電源の解説のために用いた

第 4 章　プログラミングによる LED の点滅

54 ページの図3-13に、GPIO を追加したものが図4-2です。GPIO は、Raspberry Pi の心臓部である SoC に接続されています。なお、Pi 5 の場合、図4-2に示したように GPIO と SoC の間を I/O コントローラ RP1 というデバイスが仲介していますが、以降の話の本質は変わりません。

この SoC には Raspberry Pi の CPU が含まれていますが、この CPU 上で動作するプログラムを書くことで、GPIO に「HIGH」または「LOW」という 2 つの状態を出力することができます。

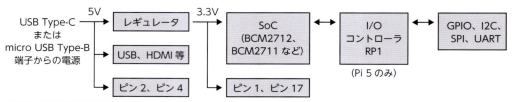

図4-2　GPIO の位置づけ

HIGH/LOW は「H/L」や「1/0」と呼ばれることもあります。HIGH/LOW は Raspberry Pi ではそれぞれ 3.3V、0V の電圧です。そのため、図4-3（A）のように、GPIO 25 の出力が HIGH であるとき、これは 3.3 で作成した回路とほぼ同等なので LED は点灯します（ただし、3.3V ピンから流すことのできる電流は 3.3.3 で述べたようにレギュレータの性能と SoC の消費電流で決まるのに対し、GPIO から流すことのできる電流は SoC や I/O コントローラの仕様により決まります。1 つの GPIO あたりデフォルトで 8mA とされており、流せる電流が小さいので注意が必要です）。

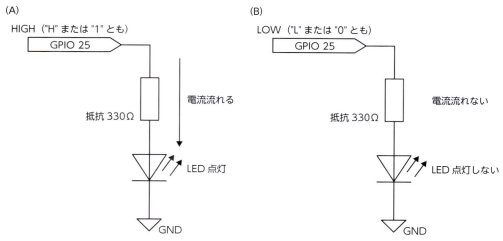

図4-3　LED が点滅する理由の解説

一方、図4-3（B）のようにGPIO 25の出力がLOWであるとき、電流が流れず、LEDは点灯しません。この図4-3（A）と（B）は豆電球と電池の例えで用いた46ページの図3-4（A）と（B）と類似していますので、ここでの解説がよくわからなかった場合はふり返ってみるとよいでしょう。

以上から、LEDを点滅させたい場合、GPIO 25の出力をHIGH、LOWと定期的に切り替えればよいことがわかります。以降では、0.5秒ごとにHIGHとLOWを切り替えることにしましょう。

さて、図4-1の回路をブレッドボード上で実現すると、図4-4のようになります。すでに述べたように、これは56ページの図3-15（B）の回路の3.3Vピンへの接続を、GPIO 25のピンにさし替えただけであることに注意してください。次に進む前にあらかじめこの回路を組んでおきましょう。

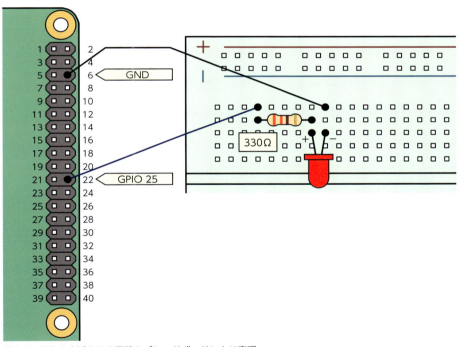

図4-4　LEDを点滅させる回路をブレッドボードにより実現

4.3 LED点滅のためのプログラムの記述

　それでは、ここからLED点滅を実現するためのプログラムを作成していきます。あらかじめRaspberry Piを起動しておきましょう。

4.3.1 Pythonの開発環境Thonnyの起動

　本書では「Python（パイソン）」と呼ばれるプログラミング言語を用いて電子工作向けのプログラミングを学びます。Pythonは「スクリプト言語」と呼ばれる種類の言語で、記述量が少なく、読みやすいプログラムを書けることが特長です。初心者の学習用途に適しているだけでなく、ソフトウェアエンジニアにも用いられている汎用性の高い言語です。なお、Raspberry Piの「Pi（パイ）」はPython（パイソン）の「パイ」から取られており、Raspberry Pi財団が推奨する学習用言語でもあります。

　Pythonでプログラムを書くために、本書では「Thonny（ソニー）」という開発環境を用います。Thonnyを用いずに開発を行いたい人のための補足を**付録C**に記しますので、興味のある人は参照してください。

　Thonnyを起動するためには、デスクトップ左上のメニューを「プログラミング（Programming）」→「Thonny」とたどってください。すると、**図4-5**のようにThonnyが起動します。中央にプログラムを記述するための領域があり、下部にプログラム実行時のエラーや警告などが表示される「Shell（シェル）」という領域があります。

図4-5　Thonnyが起動した様子

Python のバージョン

なお、Thonny で Python プログラムを実行するということは、Python のバージョン 3（Python 3）でプログラムを実行することを意味します。Python にはバージョン 2（Python2）も存在しますが、そのサポートは 2020 年 1 月に終了しましたので、現在は Python3 が主流となっています。

4.3.2　LED 点滅のためのプログラムの記述

図 4-6 のように Thonny にプログラムを記述します。記述するプログラムは**プログラム 4-1** のものです。

図 4-6　Thonny でのプログラムの記述

プログラム 4-1　LED を 0.5 秒おきに点滅するプログラム

```
1  from gpiozero import LED
2  from time import sleep
3
4  led = LED(25)
5
6  while True:
7      led.on()
8      sleep(0.5)
9      led.off()
10     sleep(0.5)
```

なお、プログラムを自分で記述するのではなく、記述済みのサンプルファイルを用いる場合は、巻末の**付録 B** を参考にサンプルファイルを Raspberry Pi 上に用意してください。そして、Thonny 上の「Load」ボタンをクリックし、サンプルファイル **04-01-led.py** を開いてください。

このプログラムの意味を上から順に解説していきましょう。

import文

1行目と2行目は「import文」と呼ばれ、次のような意味があります。

from gpiozero import LED

このプログラムではGPIOのピンの出力をHIGHやLOWへと変更しますが、その機能をgpiozeroというライブラリを用いて実現します。ライブラリとは、プログラムで利用可能な複数の機能をまとめて提供するものです。そのgpiozeroから、LEDを取り扱う機能を利用可能にするための文です。

from time import sleep

このプログラムでは「0.5秒おきにGPIOをHIGHまたはLOWに切り替える」ということを行います。その際に「0.5秒待つ」ために「sleep」という命令を用います。sleep命令を利用可能にするための文です。

初期化処理

4行目は初期化処理と呼ばれ、プログラム起動時に一度だけ呼ばれるものです。次のような意味があります。Arduinoを学んだことのある方はsetup関数に記述するものと知っておくとわかりやすいでしょう。

led = LED(25)

このプログラムでは、GPIO 25に抵抗とLEDを接続し、GPIO 25からHIGHやLOWという信号を出力しようとしています。このように、GPIO 25をLEDに対する出力として設定し、その名称を「led」とするための命令です。なお、ledのことを「変数」といい、次章で取り扱います。さらに、GPIOを入力として用いたい場合も次章で取り扱います。

プログラム本体

最後の5行がこのプログラムの本体です。一般的に回路は電源を入れてから電源を切るまで、動作し続けます。多くの場合、これを「ある処理を何度も繰り返す」ようにプログラミングします。たとえばArduinoなら、これを「loop関数」と呼ばれるもので実現しますが、ここで学んでいるPythonでは「whileループ」と呼ばれる繰り返し構造で実現します。

繰り返すものはLEDの点滅ですが、ここでは0.5秒ごとに点灯、消灯が切り替わるようにしましょう。繰り返す内容の記述は**図4-7(A)**の2〜5行目で実現されます。用いられている命令は次のとおりです。

led.on()またはled.off()

led、すなわちGPIO 25の出力をHIGHまたはLOWに設定します。HIGHがon(オン)、LOWがoff(オフ) に対応します。

sleep(時間)

秒で指定した時間だけ、処理を止めます。

　これらにより、「点灯→0.5秒待ち→消灯→0.5秒待ち」という処理が実現されます。これを何度も繰り返すのがwhileループです。**図4-7(A)** でいうと1行目の「while True:」がwhileループの開始を表します。

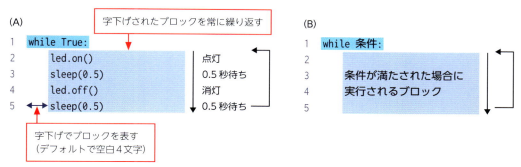

図4-7　whileループとブロックの解説

　末尾に「:(コロン)」がありますが、これを書くと、次の行から字下げによりまとめられた「ブロック」が始まり、このブロック内の命令が何度も繰り返されることになります。

　図4-7(A) で具体的に見てみましょう。「while」に続く4行が、空白4個分のスペースを空けて書き始められています。これが「字下げ（またはインデント）」と呼ばれるもので、Pythonではこの字下げによりブロックを表現します。この空白4文字は、キーボードの [TAB] キーを押すことでも入力できます。

　開発環境Thonnyでこのプログラムを記述した場合、whileの行を記述して改行すると、次の行では自動的に4文字分字下げされることに気が付くでしょう。これはThonnyが皆さんのプログラム記述を支援してくれているのです。「while」により開始され、字下げによるブロックが続くこの構造を以後「whileループ」と呼びます。このwhileループにより、**図4-7(A)** の黒色の矢印のような繰り返しが実現されます。

　なお、whileループは文法上**図4-7(B)** のように記述して、「ある条件が満たされるときにブロック内を繰り返す」という意味になります。しかし回路用のプログラムでは**図4-7(A)** のように「while True:」と記述することで「常にブロック内を繰り返す」という動作を実現することが多くなります。

4.3.3 LED点滅プログラムの実行

さて、プログラムを記述できたら、実行してみましょう。そのためには、まず書いたプログラムを保存する必要があります。なお、サンプルファイル**04-01-led.py**を用いている場合、保存の操作は不要です。

ファイルを保存するためには、**図4-8（A）**の「Save」ボタンをクリックします。すると、**図4-8（B）**のように保存するファイル名を入力する画面が開きますので、図のようにたとえば「04-01-led.py」と入力して「OK」ボタンをクリックします。なお、「.py」とはPythonで記述したプログラムに付ける拡張子です。

図4-8 （A）プログラムを保存するときに押す「Save」ボタン、（B）保存するファイル名の入力画面

保存が完了すると、**図4-9**のようにプログラムを記述する領域の上のタブにファイル名が表示されます。サンプルファイルを開いた方は最初からここにファイル名が表示されていたはずです。

図4-9 ファイル名を確認してプログラムを実行

そこで「Run」ボタンをクリックするとプログラムが実行されます。プログラムが正しく実行されると、**図4-10**のようにShell領域で薄く「%Run 04-01-led.py」と表示され、プログラムが

4.3 LED点滅のためのプログラムの記述

実行されていることがわかります。そして、ブレッドボード上の回路では、LEDが0.5秒ごとに点灯と消灯を繰り返しているはずです。

図4-10 プログラム実行中のShell領域の表示

しかし、初めてのプログラミングでは、最初からプログラムが正しく動作するということは少ないかもしれません。プログラム中に誤りがあると、Shell領域にたとえば**図4-11(A)** のようなエラーメッセージが現れます。

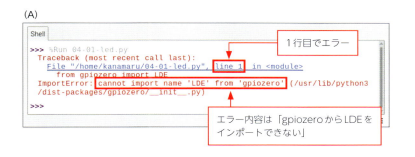

図4-11 （A）プログラムに問題があったときのエラーメッセージ、（B）プログラム中の問題箇所

エラーメッセージをよく見ると、「line 1」、すなわち1行目に問題があることが示されています。記されている英語の意味は「'gpiozero'から'LDE'をインポートできない」という意味です。プログラムの該当箇所である**図4-11(B)** を見ると、1行目の「from gpiozero import LED」のうちの「LED」を「LDE」と書いたことがエラーの原因であることがわかります。

皆さんも問題箇所を見つけて、正しく修正してください。間違いやすいポイントとしては、次のようなものがあるでしょう。

- スペルミス（「LED」を「LDE」と書いてしまう、など）
- 大文字と小文字を正しく区別していない
- 記号の書き忘れ（「while」の行の末尾の「:（コロン）」など）
- whileループのブロックの字下げが揃っていない

修正できたと思ったら、「Save」ボタンで保存し、「Run」ボタンでプログラム実行、の流れを繰り返し、LEDの点滅を実現してください。

4.3.4　LED点滅プログラムの終了と警告への対応

ここまでで、本章の目標であるLEDの点滅を実現できました。しかし、今後のために知っておくべき知識がまだありますので、引き続き学んでいきましょう。

まずは、プログラムの終了方法です。Thonny上でキーボードの［Ctrl］キーを押しながら［C］キーを押すと（これを「Ctrl-C」と呼びます）、プログラムが終了します。Ctrl-Cのタイミングによって、LEDが点灯状態または消灯状態のどちらかで点滅が止まります。

なお、**付録C**の方法でプログラムを実行した場合はLEDが必ず消灯状態で点滅が止まるのですが、ここではThonnyでの解説を続けます。

プログラムが終了したことは、Shell領域の末尾に「＞＞＞」とのみ表示された行があることでも確認できます。なお、以前のThonnyでは、Ctrl-Cでプログラムが停止しないことがときどきありました。それはLEDの点滅が止まらないことや「＞＞＞」のみの行が現れないことでわかります。その問題が起こった場合、Thonny上の「Stop」ボタンを押してプログラムを停止してください。

Ctrl-Cでプログラムが停止した場合、Shell領域には**図4-12**のように赤字で警告が表示されます。プログラミングを学ぶに当たって、このような警告を無視せずに理解するようにすると上達は早くなりますので、解説していきましょう。

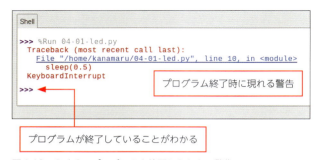

図4-12　Ctrl-Cでプログラムを終了したときの警告

この警告は「10行目でプログラムが強制終了されました」という意味です。何行目になるかはCtrl-Cを押したタイミングにより変化します。つまり、「常に繰り返し続ける」というプログラ

4.3 LED 点滅のためのプログラムの記述

ムを記述したにも関わらずCtrl-Cでプログラムを強制終了したので、警告が出ているわけです。

また、プログラム終了後のLEDの状態がタイミングにより異なるのも望ましくないですね。ここでは、プログラム終了時にLEDが必ず消灯している状態を目指しましょう。

以上の問題は、「Ctrl-Cが押されたときに、LEDを消灯状態にしてプログラムを正常終了する」ようにプログラムを修正することで解決できます。

修正後のプログラムは**プログラム4-2**のようになります。

サンプルファイルを用いている方はThonnyの「Load」ボタンで**04-02-led.py**を読み込むとこのプログラムが現れます。

プログラム4-2　終了時に警告が出ず、LEDが消灯するよう修正したプログラム

```
1   from gpiozero import LED
2   from time import sleep
3
4   led = LED(25)
5
6   try:
7       while True:
8           led.on()
9           sleep(0.5)
10          led.off()
11          sleep(0.5)
12
13  except KeyboardInterrupt:
14      pass
15
16  led.close()
```

自分でプログラムを記述したい場合は、先ほどのプログラム**04-01-led.py**を修正してその名前のまま保存することになります。

プログラム4-2を**プログラム4-1**と比べると、最初の4行のimport文と初期化処理は変更されておらず、プログラム本体のみが変更されています。

プログラム本体で着目すべき構造を枠で囲ったのが**図4-13**です。先ほど登場したwhileループが「try:」のあとに字下げされたブロックとしてそのまま現れていることに注目してください。

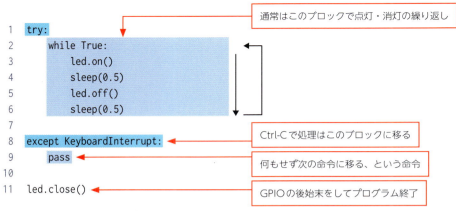

図4-13 警告をなくすためのプログラムの解説

　ブロックの入れ子構造になっていますので、「while」の行は4文字の字下げ、「led.on()」や「sleep」などの行は8文字の字下げになっています。この字下げの字数（字下げのレベル）によってブロックを区別するのがPythonの特徴です。通常はこの部分が繰り返して実行されます。
　そして、Ctrl-Cが実行されると、「try」のブロックから「except KeyboardInterrupt」のブロックに処理が移ります。
　今回の場合は1行だけの命令「pass」が実行されます。この命令は「何もせず次の命令に移る」という意味です。
　そして、最後の行には「led.close()」と書かれていますが、この命令は、GPIOの設定を解除する命令です。この命令により、ThonnyでCtrl-Cでプログラムを終了した際、LEDが消灯した状態で点滅が終了するようになります。
　以上の構造により、「通常はtryのブロックが実行され、Ctrl-Cによりexcept KeyboardInterruptのブロックに処理が移り、GPIOの設定を解除することでLEDが消灯し、プログラムが正常終了する」という流れが実現します。
　以上から、次章以降で登場するプログラムは**図4-14**のような構造を持つことになります。

図4-14 今後用いるプログラムの構造

ここで、プログラムを自分で記述した方は「Save」ボタンでファイルを保存してください。

そして、「Runボタンで実行」→「Ctrl-Cで終了」を実行してみてください。**図4-15**のように終了時に警告が現れなくなり、LEDは消灯状態になっているはずです。

図4-15 プログラム終了時に警告が出ないことの確認

なお、Ctrl-CではなくThonnyの「Stop」ボタンでプログラムを終了した場合、警告は出ないのですが、「LEDを常に消灯状態で終了する」ことはできません。そのため、通常はCtrl-Cでプログラムを終了し、Ctrl-Cが受け付けられない問題が起こった場合はやむを得ませんので「Stop」ボタンでプログラムを終了するという流れになります。

第 **5** 章

タクトスイッチによる入力

5.1	本章で必要なもの
5.2	タクトスイッチを用いた回路
5.3	タクトスイッチでLEDを点灯してみよう
5.4	Raspberry Pi内部のプルダウン抵抗の利用
5.5	イベント検出によるトグル動作
5.6	タクトスイッチをカメラのシャッターにしてみよう（オプション、要ネットワーク）
5.7	タクトスイッチでのMP3ファイルの再生と停止（要ネットワーク）
5.8	タクトスイッチでRaspberry Piをシャットダウン

第 5 章　タクトスイッチによる入力

5.1　本章で必要なもの

本章ではスイッチ、特に「タクトスイッチ（タクタイルスイッチ）」と呼ばれるものを用いてRaspberry Piに対する入力を扱う方法を学びます。

3章および4章ではRaspberry Piを用いてLEDを点灯させましたが、これらはRaspberry Piから「出力」を取り出した、ということができます。それに対し、本章で扱うのはRaspberryに対する「入力」というわけです。スイッチにより得られた入力をもとに、「LEDを点灯させる」、「カメラからの画像を保存する」、「MP3の音楽を再生する」、「Raspberry Piの電源を切る」という演習を行います。

必要な物品を**表5-1**にまとめました。

表5-1　本章で必要な物品

物品	備考
3章で用いた物品一式	必須。なおオス-オスタイプのジャンパーワイヤは本章では必須
10kΩの抵抗1本	必須。多くの場合、カラーコードは「茶、黒、オレンジ、金」。秋月電子通商のパーツセットに含まれている。単品で購入する場合は秋月電子通商の販売コード125103（100本入）、千石電商のコード7A4S-6FJ4（10本から）など
タクトスイッチ（タクタイルスイッチ）	必須。秋月電子通商のパーツセットに含まれている。単品で購入する場合は秋月電子通商の販売コード103647など
Raspberry Pi用カメラモジュール	任意。約5,000円かかるので、これを用いる**5.6**はオプションの扱い。バージョン1からバージョン3まであるが、どのバージョンでも構わない。映像に関するオプション（赤外、広角）や他社製の互換品などもあるので注意
Zero系またはPi 5用のカメラモジュールのケーブル	左記の機種でカメラモジュールを用いる場合は必須。Zero系とPi 5で共通。スイッチサイエンスの商品コードRPI-A-003（15cm）、RPI-SC1128（20cm）、RPI-SC1129（30cm）、RPI-SC1130（50cm）など。10章のキャタピラ式模型で用いる場合は20cmを推奨

タクトスイッチは**図5-1（A）**のような押しボタンで、3章で紹介した秋月電子通商などで購入することができます。

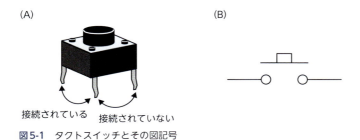
図5-1　タクトスイッチとその図記号

　Raspberry Pi用カメラモジュールはRaspberry Piを取り扱っているショップで購入することができますが、5,000円前後かかりますので、この内容を取り扱う **5.6** はオプションの扱いとします。なお、Raspberry Pi用カメラモジュールをZero系の機種またはPi 5で用いる場合、別途専用ケーブルが必要になります。

第5章 タクトスイッチによる入力

5.2 タクトスイッチを用いた回路

5.2.1 タクトスイッチの構成

　タクトスイッチは**図5-1（A）**のように多くの場合4本の端子が付いた押しボタンです。4本の端子は2本ずつペアになっており、それぞれ内部で接続されているため、独立した端子は実質2つとなります。このスイッチの挙動は、**図5-1（B）**の図記号を見ると想像しやすいでしょう。独立した2本の端子があり、スイッチが押されるとこの端子が接続され、離すと接続が切れる、という仕組みです。

　このように、このスイッチには「接続」と「未接続」の2状態がありますから、これを「HIGH」と「LOW」という信号に対応させると、Raspberry Piへの入力として用いることができそうに思えます。では、どのような回路を作成すればその挙動を実現できるでしょうか。

5.2.2 タクトスイッチの誤った利用法

　まず、たとえば**図5-2（A）**のような接続を考えてみましょう。GPIO 27はRaspberry Pi上のピンで、ここで値を読み取るとします。この場合、スイッチを押すとGPIO 27には3.3Vピンが接続されますので、HIGHと読み取ることができます。

　しかし、スイッチを離した状態では、GPIO 27は＋3.3VピンやGNDに接続されていませんので、値が不定となり適切に動作させることができません。よってこの回路は誤りです。なお、このように入力を不定状態にしてしまうと何が起こるかは、のちに回路を作成した際に確かめます。

　それでは、GPIO 27をGNDにも接続した**図5-2（B）**のような回路ではどうでしょうか。この場合、スイッチを離した状態では確かにGPIO 27がLOWとなるのですが、スイッチを押してしまうと、＋3.3VピンとGNDが直結され大電流が流れてRaspberry Piが壊れてしまうことがあるので、やはり正しい回路ではありません。

5.2 タクトスイッチを用いた回路

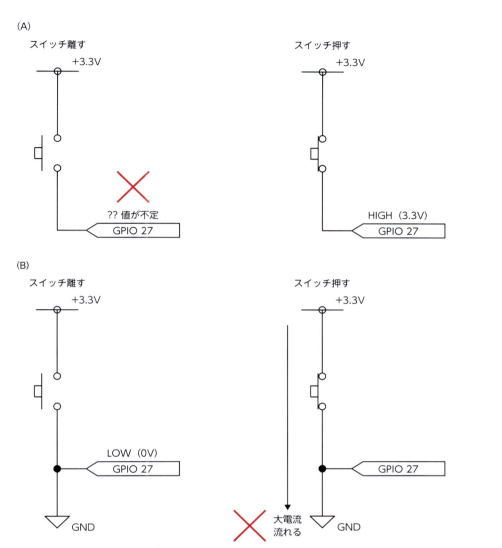

図 5-2　タクトスイッチの誤った使用例

5.2.3　プルダウン抵抗とプルアップ抵抗

正しくタクトスイッチを使うには、プルダウン抵抗、またはプルアップ抵抗を用いる必要があります。

図 5-3 がプルダウン抵抗を用いてタクトスイッチを利用する回路です。プルダウン抵抗とは、この図では 10kΩ の抵抗のことを指します。

第 5 章　タクトスイッチによる入力

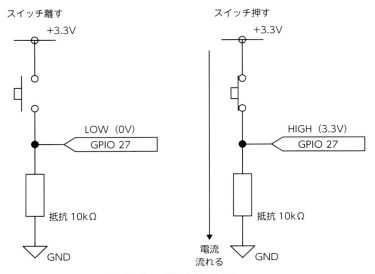

図 5-3　タクトスイッチとプルダウン抵抗を用いた回路

　スイッチを離した状態では、GPIO 27 はこの抵抗を介して GND に接続されていますので、0V（LOW）の状態になることが保証されます。図 5-2 (A) と比較すると、この抵抗は不定だった GPIO 27 の状態を GND まで引き下ろす役割を果たしているので、「プルダウン抵抗」と呼ばれます。

　スイッチを押した状態では、GPIO 27 は 3.3V（HIGH）の状態になりますが、このとき、+3.3V ピンから GND に向かって電流が流れます。この電流はプルダウン抵抗の大きさで決まります。消費電力の点で大きな電流が流れることは望ましくありませんから、プルダウン抵抗としては大きな抵抗を選びます。通常は 10kΩ や 100kΩ の抵抗を使うことが多いです。

　これにより、図 5-3 のようにスイッチを離した状態と押した状態とがそれぞれ GPIO 27 の LOW、HIGH の状態に対応するようになります。

　なお、抵抗とスイッチの位置を逆にした、図 5-4 のような回路も可能です。この場合、スイッチを離した状態が HIGH、スイッチを押した状態が LOW に対応します。また、図 5-4 における抵抗はスイッチを離したときに GPIO 27 を +3.3V に引き上げる働きがありますから「プルアップ抵抗」といいます。

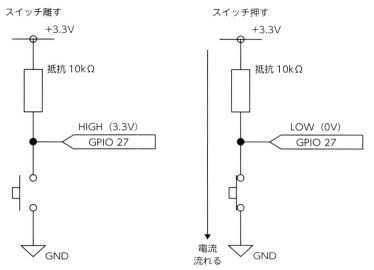
図5-4　タクトスイッチとプルアップ抵抗を用いた回路

　タクトスイッチを用いた回路としては、**図5-3**と**図5-4**とのどちらを用いてもよいのですが、以降では**図5-3**のプルダウン抵抗を用いた回路で解説を進めましょう。

5.3 タクトスイッチでLEDを点灯してみよう

さて、タクトスイッチによる入力の方法がわかったところで、実際にRaspberry Piを用いて回路を作成してみましょう。スイッチの状態をGPIO 27におけるLOW/HIGHに対応づけることができましたが、これを我々の目に見える形で表すため、ここではスイッチとLEDを連動させ、「スイッチが押されている間LEDを点灯させる」ことにしましょう。

作成する回路は**図5-5**です。図の左側はプルダウン抵抗とタクトスイッチを用いた入力回路、右側は4章で用いたLEDの点灯用の回路そのものです。

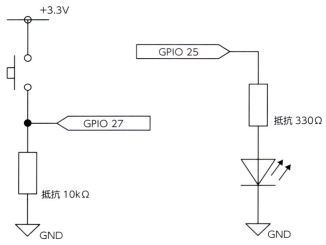

図5-5 タクトスイッチの状態をLEDに連動させるための回路

これをブレッドボード上に構成すると、**図5-6**のようになります。だんだん作成する回路が複雑になってきましたね。ブレッドボード上で「＋」と書かれたラインを+3.3Vに、「−」と書かれたラインをGNDにして複数の箇所で使っていることに注意してください。

5.3 タクトスイッチでLEDを点灯してみよう

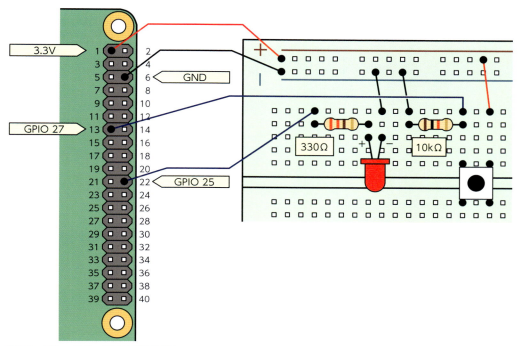

図 5-6 ブレッドボードでの回路の実現

記述するプログラム

　この回路を作成しただけでは、タクトスイッチの状態とLEDの点灯状態は連動しません。そのためのプログラムが必要となります。**4.3.1**で学んだようにThonnyを起動し、プログラムを書き始めましょう。作成するプログラムは**プログラム5-1**のとおりです。なお、サンプルファイルを用いる方は「Load」ボタンをクリックして **05-01-sw.py** を開いてください。自分でプログラムを記述した方は名前を付けて保存しましょう。

　いずれの場合も、「Run」ボタンで実行すると、「タクトスイッチを押している間LEDが点灯し、離すと消灯する」という動作になります。

プログラム 5-1　タクトスイッチに連動してLEDが点灯するプログラム

```
1  from gpiozero import LED, Button
2  from time import sleep
3
4  led = LED(25)
5  btn = Button(27, pull_up=None, active_state=True)
6
7  try:
8      while True:
```

87

```
 9              if btn.value == 1:   # if btn.is_pressed: とも書ける
10                  led.on()
11              else:
12                  led.off()
13              sleep(0.01)
14
15  except KeyboardInterrupt:
16      pass
17
18  led.close()
19  btn.close()
```

　このプログラムは、76ページの**図4-14**で解説したプログラムの構造をしていることに注意してください。ここでは、4章で学んだプログラムに登場しなかった部分を解説していきます。

import文

　まず、import文は4章とほぼ同じですが、1行目で、LED以外にButton（ボタン）という機能も利用可能にしています。

from gpiozero import LED, Button

　このButton機能をタクトスイッチに対して用いるわけです。

初期化処理

　新たに登場したButtonを、次のように初期化しています。

btn = Button(27, pull_up=None, active_state=True)

　図5-5のようにGPIO 27を用いること、そしてbtnという変数でButtonを利用可能にしていることがわかります。「pull_up=None, active_state=True」の部分はこの時点ではわかりにくいのですが、「Raspberry Pi内部のプルアップ・プルダウンの機能（後述）を使わないこと、Button（タクトスイッチ）を押したときにHIGH（1）になること」を指定しています。

while ループ

　次に、「while」から始まる6行のwhileループですが、これが76ページの**図4-14**で示されているようにプログラムのメインの処理です。**図5-7**に示されているように、「while」以下のブロックがプログラム実行中に何度も繰り返されることは、4章の**図4-7**（71ページ）で学んだとおりです。

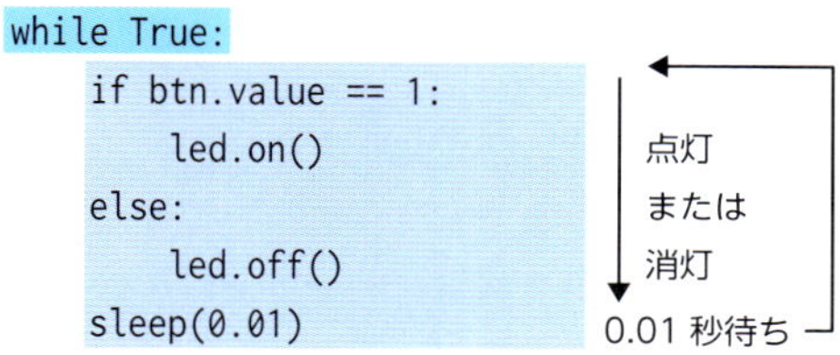

5.3 タクトスイッチで LED を点灯してみよう

```
while True:
    if btn.value == 1:
        led.on()
    else:
        led.off()
    sleep(0.01)
```

点灯
または
消灯
0.01 秒待ち

図5-7 while ループの解説

　ただし、**プログラム5-1**の中の「sleep(0.01)」の使い方は4章の**図4-7**（71ページ）とは異なります。4章での「sleep(0.5)」は0.5秒ごとに点灯と消灯を繰り返す、というように人間の目に見える役割を果たしていましたが、ここでの「sleep(0.01)」は「CPUに0.01秒間whileループを停止させ、他の処理を可能にする」という働きがあります。この「sleep(0.01)」がないとCPUはこのwhileループの処理に計算能力の大半を費やしてしまい、他の処理（たとえばThonny上でのプログラムの記述など）の実行が重くなるなどの影響が出てしまいます。そのため、定期的に短いsleepを実行する必要があるのです。

　さらに、whileループ内には新しく学ぶ内容が4つ登場しています。「#によるコメント」、「valueプロパティによる入力の取得」、「==による一致判定」、「if/elseによる条件分岐」です。順に見ていきましょう。

#によるコメント

　プログラム中に「# if btn.is_pressed: **とも書ける**」という部分があります。Thonnyではこの部分は色が薄く表示されています。このように、「#から行末まで」はPythonではコメントとして無視され、実行結果には影響しません。ここは、プログラミングに慣れている方向けの情報を筆者がコメントとして残した部分です。

value プロパティによる入力の取得

　次に、「btn.value」の部分についてです。この記述では、valueプロパティによりGPIO 27の状態を取得しています。**図5-3**の回路ではGPIO 27はLOW(0) とHIGH(1) の2状態を取るのでした。それに対応し、btn.valueには0か1の整数値が格納されています。

「==」による一致判定

　上の入力取得命令は「btn.value == 1」のように「==」で「1」と結ばれています。「==」は左右の式の値が一致するかどうかを判定する場合に用いられます。つまり、GPIO 27がHIGH(1) の状態にあるかどうかを判定しているわけです。なお、一致しないことの判定には「!=」を用います。

if/elseによる条件分岐

さて、この「btn.value」の行の全体は「if」で始まって「:（コロン）」で終わるため、次の行からブロックを形成することがわかります。この部分は2行下の「else」から始まるブロックと対になり、条件分岐を表します。

図5-8を用いて解説しましょう。まず、GPIO 27の状態がHIGH（1）であれば、「if」以下のブロックにあるGPIO 25に接続されたLEDを点灯させるという命令が実行されます。一方、「else」以下のブロックは「GPIO 27がHIGH（1）ではないとき」つまり「GPIO 27がLOW（0）のとき」に実行されます。「else」は英語で「そうでなければ」の意味です。

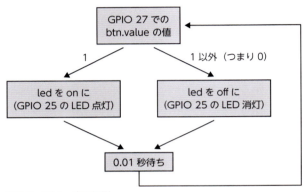

図5-8　if/else文の解説

結果として、図5-8のように、GPIO 27の値がHIGH（1）かLOW（0）かに応じて処理が2つに分かれる（分岐する）ことがわかります。これがif/elseによる条件分岐です。なお、分岐した処理はsleep命令で合流し、whileループの働きで再びGPIO 27の状態の判定に戻ります。

以上のプログラムで「タクトスイッチを押している間LEDが点灯し、離すと消灯する」という動作が実現します。

プルダウン抵抗がないと何が起こる？

ところで、プルダウン抵抗やプルアップ抵抗の考え方に慣れないうちは、なぜこれらが必要かわからない方が多いかもしれません。そのような方は、図5-6の回路において、プルダウン抵抗である10kΩの抵抗を取り外してみてください。

図5-2（A）の回路が実現しますが、この回路ではスイッチを離した状態ではLEDの状態が点灯・消灯の間をランダムに切り替わったり、明るさがぼんやりと変化したりすることがわかるはずです。これが「GPIO 27の値が不定」の意味です。このときのGPIO 27の状態をLOWに確定させるのがここで取り扱ったプルダウン抵抗の役割です。

なお、図5-2（B）の回路はRaspberry Piを壊してしまうことがあるので実現しないよう注意してください。

5.4 Raspberry Pi内部の プルダウン抵抗の利用

5.3で作成した回路により、プルダウン抵抗の役割と重要性を理解できたと思います。プルダウン抵抗やプルアップ抵抗は、頻繁に用いられるものです。そのため、実際にブレッドボード上にこれらを用意しなくても、Raspberry Pi内部にあらかじめ用意された抵抗を有効にすることで、実現できます。5.3の演習が済んでいれば、実行は簡単ですので試してみましょう。

作成する回路は**図5-9**で、これは**図5-6**の回路からプルダウン抵抗の10kΩを取り外しただけのものです。5.3の最後でも、プルダウン抵抗の重要性を理解するためにこの回路を試してみましたね。

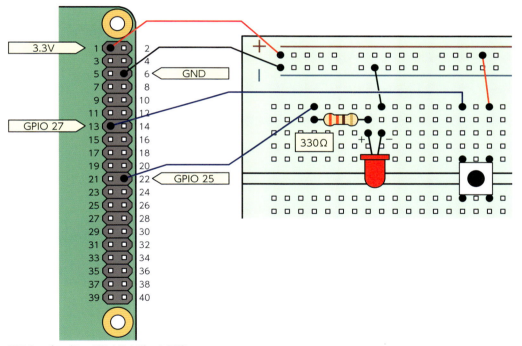

図5-9　プルダウン抵抗を取り除いた回路

このままではこの回路は正しく動作しませんので、5.3で記述した**プログラム5-1**の5行目を、**プログラム5-2**のように変更します。なお、サンプルファイルを用いている方は**05-02-sw-pd.py**を開いてください。

プログラム 5-2　Raspberry Pi内部のプルダウン抵抗を有効にするための変更

```
5  btn = Button(27, pull_up=None, active_state=True)
```

 上の行を次のように変更

```
5  btn = Button(27, pull_up=False)
```

　Button初期化時のオプションを「pull_up=False」に変更することで、GPIO 27において Raspberry Pi内部のプルダウン抵抗が有効化されます。なお、プルアップ抵抗を用いたい場合は「pull_up=True」です。「pull_up」の指定を「True」か「False」に設定するときは「active_state」の設定は不要です。

　準備ができたら、プログラムを「Run」ボタンで実行してみましょう。**5.3**と同じ動作をブレッドボード上のプルダウン抵抗なしで実現できたはずです。

5.5 イベント検出によるトグル動作

5.5.1 トグル動作の理解のための予備知識

　ここまで、タクトスイッチの状態をRaspberry Piで読んで利用する方法を学んできました。しかし、「スイッチを押している間LEDを点灯」という例は実はRaspberry Piを使わなくても実現できます。図5-5において、GPIO 27の部分とGPIO 25の部分をRaspberry Piを介さずに直接接続すればよいだけです。そこで、ここからはもう少し実用的な例として「イベント検出によるトグル動作」を取り扱うことにします。

トグル動作

　まず、実現したい動作を図5-10（A）を用いて解説します。回路は図5-9のままです。ここでは、タクトスイッチをカチ、カチ、カチと3回押した状況を考えましょう。

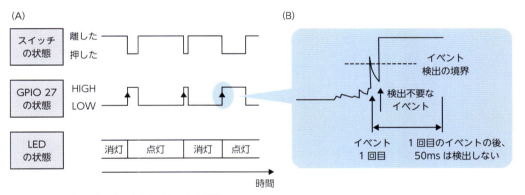

図5-10　タクトスイッチによるトグル動作の解説

　スイッチの状態に対応するGPIO 27の状態は、図5-10（A）の中段に描かれているようにスイッチが押されている間だけHIGHになるのでしたね。このとき、実現したいLEDの状態は図の下段に記されているように、スイッチが押されるごとに点灯と消灯が切り替わる、という動作です。

　このようにアクションに対して状態が切り替わる動作のことを「トグル動作」といいます。身の回りでトグル動作をするものはたくさんありますが、テレビのような家電製品の電源がイメージしやすいのではないでしょうか。

第5章　タクトスイッチによる入力

ポジティブエッジとネガティブエッジ

このような動作を実現するには、GPIO 27の状態を観測し、状態がLOWからHIGHに切り替わるときにLEDの状態を変更すればよいことがわかります。**図5-10（A）**ではGPIO 27がLOWからHIGHに切り替わるところに矢印を描きましたが、このようなタイミングを正方向のエッジという意味で、「ポジティブエッジ」といいます。ここでは用いませんが、HIGHからLOWへの切り替わりは「ネガティブエッジ」です。

さらに、何かの状態を変化させるきっかけとなるものを「イベント」と呼びます。**図5-10**でいえば「イベントとしてGPIO 27のポジティブエッジを用いてLEDの状態を変更する」と言い換えることができるでしょう。

不要なイベントの除外

なお、エッジをイベントとして用いるときには注意が必要です。**図5-10（B）**にGPIO 27における電圧の読みの拡大図の例を示しました。この電圧の変化は、人間がタクトスイッチを押すことで得られるものですから、実際に電圧の波形を見ると、きれいにLOWからHIGHへ変化するとは限らず、図のようにノイズ状に上下しながらHIGHに到達することがあります。

この場合、図の点線でLOWとHIGHとが切り替わるとすると、ポジティブエッジは2回検出され、LEDの状態が2回変更され誤動作してしまいます。そこで、一度イベントを検出したら、そのあとしばらくの間（たとえば0.05秒＝50ミリ秒）はイベントを検出しない、という処理が行われることがあります。それにより、イベントの検出は一回で済み、誤動作を避けられるのです。

以上で、ここで取り扱うトグル動作についての予備知識が得られました。それでは、それを実現するプログラムを見ていきましょう。

5.5.2　トグル動作を実現するプログラム

トグル動作を実現するプログラムは次の**プログラム5-3**のようになります。サンプルファイルを用いている方は**05-03-sw-pd-event.py**を開いてください。

プログラム5-3　トグル動作を実現するためのプログラム

```
1   from gpiozero import LED, Button
2   from time import sleep
3   from signal import pause
4
5   def pressed(button):
6       if button.pin.number == 27:
7           global ledState
8           ledState = not ledState
9           if ledState == 1:
10              led.on()
11          else:
```

```
12              led.off()
13
14  led = LED(25)
15  btn = Button(27, pull_up=False, bounce_time=0.05) # Bookworm (gpiozero 2.0) 用
16  #btn = Button(27, pull_up=False, bounce_time=None) # Bullseye (gpiozero 1.6.2) 用
17
18  btn.when_pressed = pressed
19  ledState = led.value
20
21  try:
22      pause()
23  except KeyboardInterrupt:
24      pass
25
26  led.close()
27  btn.close()
```

　このプログラムを実行すると、**図5-10**のようなLEDのトグル動作を実現できます。自分でプログラムを記述した方は実行前に保存してください。タクトスイッチをカチカチと押すたびにLEDの状態が点灯→消灯→点灯……と変化することを確認しましょう。

　以下、このプログラムを解説していきます。

defによる関数の定義

　このプログラムは**図5-11**のような構造をしており、「def」で始まる関数と呼ばれるブロックを持っていることが特徴です。図に示されているように、関数とは「必要に応じて呼ばれる処理」をまとめたものです。「必要に応じて呼ばれる」わけですから、ファイルの先頭付近に書かれているからといってプログラムにおいて先に実行されるわけではない、ということにまず注意してください。

第 5 章　タクトスイッチによる入力

図 5-11　関数の定義が含まれたプログラムの構造

プログラムを読む順序

　図 5-11 のような構造のプログラムは今後も登場しますし、これよりも長いプログラムも登場するようになります。そのため、このようなプログラムを見たときにまずどのような順序でプログラムを読むべきかを知っておくと、今後の学習のために役に立ちます。

　まず、プログラムを見たら、初期化処理やメインの処理はどこに書かれており、関数はあるかないか、などを大づかみに把握します。このプログラムでは図 5-11 のような全体の構造にまず着目するということです。そして、全体の中で、プログラムにおいて重要な部分から順に理解するようにします。

　このプログラムにおいてまず重要なのは、これまでと同様に初期化処理とメインの処理です。先ほど述べたように、関数は必要に応じて呼ばれるわけですから、理解はあと回しにし、呼び出されるタイミングがわかってから理解しようということです。

メインの処理

　以上を念頭に置いて、今までと同様に初期化処理とメインの処理を見ていきますが、まず目を引くのは、メインの処理が次の 1 行の命令しか含んでいないことです。

pause()

　この「pause()」命令は 3 行目の import 文「from signal import pause」で利用可能にしたものです。このプログラムは、「ボタンが押されたときに LED の点灯状態を切り替える」のですが、「ボタンが押されるのを待つ」ために使われているのがこの「pause()」命令です。gpiozero でイベントが発生するのを待つときに使います。

初期化処理：イベント検出機能の追加

　それでは、初期化処理を見てみましょう。GPIO 25をLED接続用のピンとして設定しているのは**5.4**と同じです。GPIO 27をプルダウン抵抗付きのButtonに設定する行で、イベント検出機能を追加している次の部分が1つ目のポイントです。なお、執筆時のLegacy OSであるBullseyeを用いている場合に使用すべき命令がコメントとして書かれていますが、解説は省略します。

```
btn = Button(27, pull_up=False, bounce_time=0.05)
  (中略)
btn.when_pressed = pressed
```

　まず、Buttonの初期化時に追加されている「bounce_time=0.05」というオプションが、**図5-10**に示されているように「イベント検出から50ms間は次のイベントを検出しない」という設定に対応します。

　次の「btn.when_pressed = pressed」が、GPIO 27にポジティブエッジの検出機能を追加する命令です。「when_pressed」とあるように「ボタンが押されたとき」に関数「pressed」を実行するよう設定している命令なのです。そして、関数「pressed」とは**プログラム5-3**の5行目で定義されている関数です。これで、このプログラムで定義されていた関数がポジティブエッジ検出のタイミングで呼ばれることがわかりました。

　なお、ネガティブエッジを検出したいときは「btn.when_released」に対して関数を設定しますが、本書では扱いません。

初期化処理：変数の追加

　さて、初期化処理の最後に「ledState = led.value」という重要な行があります。これは「変数」と呼ばれるものを設定し、GPIO 25に接続されたLEDの状態である「led.value」を格納しています。**プログラム5-1**の「btn.value」と同様、「led.value」には0か1の整数値が格納されています。

　変数とは、数値や状態を保存することのできるものです。変数には名前を設定でき、ここではLEDの状態を保存しておきたいので、「ledState」という名前を付けました。

　変数が必要な理由は、**図5-10（A）**のようにLEDの状態について、「前の状態が消灯（点灯）なら点灯（消灯）」のように「前の状態に基づいて次の状態を決める」必要があるからです。この「前の状態」を記憶しておくのがここでの変数の役割です。そして、gpiozeroではLEDの初期状態は0、すなわち消灯状態です。

pressed関数の内容

　以上で初期化処理の解説が終わりました。この中で、関数pressedがポジティブエッジで呼ばれることがわかったので、この関数で何が行われるかを見ていきましょう。

第 **5** 章　タクトスイッチによる入力

```
def pressed(button):
```
　まず、関数の定義が始まる行です（**プログラム5-3**の5行目）。関数名が「pressed」であることがわかります。さらに、かっこ内の「button」は「引数」と呼ばれるものですが、ここでは「イベントが発生したボタン（ここではGPIO 27に対して定義されたbtn）が格納されるものだ」ということを知っておいてください。

```
if button.pin.number == 27:
```
　6行目にあるif文は「ポジティブエッジがGPIO 27で発生したときのみ以下を実行する」という意味を表します。このプログラムではGPIO 27でしかエッジの検出を行いませんので、このif文以下のブロックは必ず実行されます。

```
global ledState
```
　7行目は、初期化処理で登場した変数「ledState」を、この関数内でも用いることを宣言（グローバル宣言）しているものです。この関数内で「ledState」を変更する場合、この宣言は必須です。

```
ledState = not ledState
```
　次に、変数「ledState」の更新です（8行目）。**図5-10（A）** での下段で示したように、ポジティブエッジにおいて、LEDの状態は「消灯だったら点灯」、「点灯だったら消灯」と変化すべきです。この処理は上記のように「not」で実現できます。

　「ledState」の初期状態はLOWに相当する0でしたが、この命令により、「0だったら1に変更」、「1だったら0に変更」という処理が実現できます。

　そして、最後に「ledState」の状態に基づいてGPIO 25に接続されたLEDの点灯状態を変更するのが9～12行目のif文です。このif文の働きは**5.3**で用いたものとほとんど同じですので、解説は省略します。なお、プログラミングに慣れている方でしたら、9～12行目のif文と同じ動作を「led.value = ledState」という1行で実現できることがわかるでしょう。

　さらに、gpiozeroには「led.toggle()」という命令によりトグル動作を実現する方法も用意されており、それを用いると変数「ledState」も不要になります。プログラミングに興味のある方は試してみてください。

COLUMN

ソフトウェア寄りの記述とハードウェア寄りの記述

　4章から、回路を動かすためのプログラムを書いています。プログラムのことをソフトウェアともいいますが、ブレッドボード上に作っている回路はハードウェアです。

　4章と5章に登場したgpiozeroを用いたプログラムの記述の中には、ハードウェアのことをあまり知らない方でも理解しやすい「ソフトウェア寄りの記述」と、ハードウェアのことを知っていることを前提とした「ハードウェア寄りの記述」があったことに気が付いたでしょうか。ここまでの範囲でそれぞれ列挙してみましょう。表の左右はそれぞれ同じ意味の命令を表します。

ソフトウェア寄りの記述	ハードウェア寄りの記述
led.on()	led.value = 1
led.off()	led.value = 0
btn.is_pressed	btn.value == 1
led.toggle()	変数やif文で実現

　ハードウェア寄りの記述は、デジタル回路におけるHIGH/LOW（1/0）について知っていることを前提としているのに対し、ソフトウェア寄りの記述のほうは、LEDの点灯・消灯やボタン（スイッチ）の押下状態など、パーツの物理的な状態を意識させるような記述になっています。

　本書ではどちらの記述も登場しますが、皆さんがハードウェア寄りの記述を理解できるようになることを目指しています。とはいえ、ハードウェアを意識させないソフトウェア寄りの記述も重要です。1章で紹介したように、専門分野以外の人への電子工作のハードルを下げたことでArduinoが大きなムーブメントとなりました。ソフトウェア寄りの記述にも、同じように学習のハードルを下げる効果があると考えられます。

5.6 タクトスイッチをカメラのシャッターにしてみよう（オプション、要ネットワーク）

　ここまで本章ではタクトスイッチを使ってLEDの点灯状態を操作してきました。LEDを用いたのは、すでに3章、4章で利用法を学んでいたからですが、LED以外にもタクトスイッチを用いることができる対象はたくさんあります。ここからはそのような例を3つ紹介しましょう。

タクトスイッチをカメラのシャッターに

　まず、「タクトスイッチをカメラのシャッターにする演習」を試してみましょう。タクトスイッチを押すとデジタルカメラのように写真を撮影し、プログラムと同じフォルダにJPEG形式の写真が保存されます。そのため、本演習では、図5-12のようなRaspberry Pi専用のカメラモジュールが必要になります。

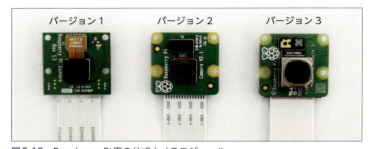

図5-12 Raspberry Pi用の公式カメラモジュール

　さらに、本演習を行うために必要なライブラリをネットワークからインストールするので、Raspberry Piがネットワークに接続されている必要があります。付録Aを参考に接続してください。

カメラモジュールのバージョン

　執筆時点で、公式のカメラモジュールはバージョン3までが発売されております。図5-12の左から、バージョン1（基板が四角）、バージョン2（基板の角が丸く、レンズ周辺が黒）、バージョン3（基板の角が丸く、レンズ周辺が銀）です。どのバージョンでも本ページの演習を実行することができます。これらのほか、広角バージョンや赤外線をカットしない（NoIR）バージョンもありますが、ベーシックな通常バージョンをおすすめします。

　なお、公式以外のメーカーから互換カメラモジュールも発売されております。おおむね動作すると思われますが、動作検証はしておりませんのでご了承ください。

5.6 タクトスイッチをカメラのシャッターにしてみよう（オプション、要ネットワーク）

準備

まずはカメラをRaspberry Piに接続しましょう。Raspberry Piの電源を切り、電源を本体から取り外した状態で行います。

Pi 5やZero系の機種をお使いの場合、まずカメラモジュールのケーブルを専用のものに交換しなければなりません。図5-12の下部に白いケーブルが見えますが、これを交換するということです。

そのためには、図5-13(A)、(B)のように、コネクタのスライダと呼ばれる部分を引き出し、ケーブルを取り外せるようにする必要があります。コネクタおよびスライダは壊れやすい部品ですので、慎重に作業しましょう。その際、ケーブル上で金属が露出した端子は基板側を向いていることを確認しておきましょう。ケーブルを交換したら、スライダを押し込んで固定します。

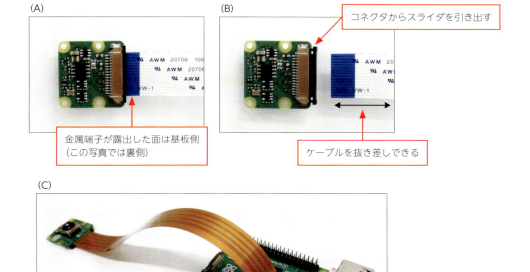

図5-13　カメラモジュールの取り付け

Raspberry Pi本体にも、ケーブルを固定するためのコネクタとスライダがありますので、同様にしてRaspberry Piにカメラモジュールを固定します。Pi 5の場合、金属の端子がUSB端子側を向くように取り付けます。Pi 4 Bまでの機種では、金属の端子がmicroSDカードを向くように取り付けます。Raspberry Piをケースに入れている方は、一旦ケースから取り外してカメラモジュールを取り付けなければならない場合があります。

101

第5章　タクトスイッチによる入力

　なお、本体のコネクタとスライダはさらに壊れやすい部品ですのでこちらも慎重に取り扱いましょう。筆者はこの部分を雑に扱って壊したことがあります。

　Pi 5で接続が完了した状態を示したのが**図5-13（C）**です。なお、Pi 5にはカメラを接続するコネクタが2つあります。どちらに接続しても動作しますが、図では「CAM/DISP 0」と書かれた側に接続しています。

　この状態になったら、Raspberry Piに電源を入れて構いません。

ネットワークからOpenCVをインストール

　本演習を実行するために、画像処理ライブラリであるOpenCVをネットワークからインストールしましょう。

　まず、38ページの**図2-25**に示されているアイコンをクリックしてLXTerminal（ターミナル）というソフトウェアを起動します。ターミナルを本書で初めて利用したのは、**付録B**でサンプルファイルをダウンロードしたときです。次のようなコマンドプロンプトに対してコマンドを入力するのでしたね。

```
kanamaru@raspberrypi:~ $
```

　なお、上の kanamaru の部分には、皆さんがインストール直後に設定したユーザー名が書かれているはずです。

　このコマンドプロンプトに対し、 sudo apt update をキーボードで入力して［Enter］キーを押して実行しましょう。これにより、インストールできるパッケージのリストを取得します。ネットワーク環境によっては終了まで数分かかるかもしれません。なお、 sudo とは、管理者権限が必要なコマンド、すなわちシステムの重要部にアクセスするコマンドの先頭に付けるものです。

　終了したら、 sudo apt -y install python3-opencv のコマンドをキーボードで入力してから［Enter］キーで実行し、OpenCVをインストールします。

タクトスイッチによる撮影の実行

　OpenCVのインストールが終わったら、演習を行いましょう。

　演習で用いる回路はこれまでと共通で**図5-9**の回路です。LEDと抵抗は取り外して構いません。

　サンプルファイル**05-04-sw-camera.py**をThonnyで開いて実行してみてください。なお、カメラを用いるとShell領域に大量のメッセージや警告が表示されますが、気にする必要はありません。

　正常に実行されると、カメラモジュールからの映像が画面に表示されます。これが、通常のカメラのプレビュー映像に相当するものです。その状態のまま、タクトスイッチを押してみましょう。タクトスイッチを押すたびに、撮影された時刻の名前を持つJPEG画像が、プログラムと同じフォルダに保存されます。

5.6 タクトスイッチをカメラのシャッターにしてみよう（オプション、要ネットワーク）

　保存された画像を見るためには、ファイルマネージャ（38ページの**図2-25**）を用います。プログラム **05-04-sw-camera.py** と同じ場所に画像が保存されていますので、ダブルクリックして閲覧してみましょう。

　このプログラムを終了するためには、Thonny 上で Ctrl-C を実行するか、映像が表示された画面上で ［q］キーをタイプしてください。

　なお、この演習が終わったら10章までカメラモジュールは使いませんので、Raspberry Pi の電源を切った状態でカメラモジュールを取り外しておきましょう。

第5章 タクトスイッチによる入力

5.7 タクトスイッチでのMP3ファイルの再生と停止（要ネットワーク）

　次に、「タクトスイッチが押されたときにMP3の音楽の再生と停止を切り替える演習」を行います。そのためには、ネットワークに接続してMP3の再生に必要なソフトウェアをインストールする必要があります。

　用いる回路はこれまでと同様、**図5-9**の回路です。LEDと抵抗は取り外してもよいのですが、そのまま残すと、MP3の再生中にLEDが点灯する状態になるので、実行の確認がしやすいでしょう。ここで用いるサンプルファイルは、**05-05-sw-mp3.py**です。MP3の再生用ソフトウェアのインストールから紹介します。

ネットワークからmplayerをインストール
　まず**付録A**を参考に、Raspberry Piをネットワークに接続したら、「mplayer」というMP3再生用ソフトウェアのインストールを始めます。

　ターミナルを起動し、コマンドプロンプトで `sudo apt update` をキーボードで入力して[Enter]キーを押して実行し、インストールできるパッケージのリストを取得しましょう。それが終了したら、`sudo apt -y install mplayer` のコマンドをキーボードで入力してから[Enter]キーで実行し、mplayerをインストールします。

音を鳴らす環境の確認
　mplayerのインストールが完了したら、Raspberry Piで音を鳴らす環境を確認します。

　Raspberry PiをHDMIケーブルでディスプレイに接続している場合、ディスプレイから音が鳴ります。ただし、ディスプレイにスピーカーが付いていない場合もあります。その場合、ディスプレイのイヤフォン端子にイヤフォンやスピーカーをつなぐことで、音が鳴ることを確認できるでしょう。

　なお、ディスプレイをDVI-D端子により接続している方で、Pi 5やZero系の機種を用いている方は、残念ながら音を鳴らすことはできません。Model B系の機種を用いている方なら、DVI-D端子を用いていてもRaspberry Pi上のイヤフォンジャックから音を聞くことができます。ただし、Raspberry Pi本体のイヤフォンジャックの利用は設定が必要になる場合があるので必要に応じてサポートページをご覧ください。

音声ファイルの用意と確認
　次に、半角英数字で「05-07-test.mp3」という名前のMP3ファイルを用意し、実行するプログラムが記述されたサンプルファイル**05-05-sw-mp3.py**と同じ場所に配置してください。サンプルファイルを使う場合、「05-07-test.mp3」という名前のファイルが含まれていますので、それをそのままお使いください。

104

5.7 タクトスイッチでのMP3ファイルの再生と停止（要ネットワーク）

　自分の好きな音楽などを鳴らしてみたい場合、その音声ファイルを半角英数字の「05-07-test.mp3」という名前でコピーしてからRaspberry Piへ移動してください。

　この「05-07-test.mp3」の音声を確認するには、先ほどインストールしたmplayerを用います。まず、サンプルファイルのある「gihyo」フォルダに移動しなければなりません。ターミナルを起動して、`cd gihyo`コマンドを入力して実行してください。それから、そのターミナルで`mplayer 05-07-test.mp3`を入力して実行し、音声を再生しましょう。

　HDMIケーブルでディスプレイに接続している場合、ディスプレイのスピーカーやイヤフォンジャックから音声が出るはずです。音声を途中で停止したい場合、ターミナルでキーボードの［q］をタイプしてください。

プログラムの実行

　以上の準備のもと、タクトスイッチが押されるたびに、前述のように試したコマンドを呼び出すプログラムを実行してみましょう。このプログラムはサンプルファイル**05-05-sw-mp3.py**に記述されています。Thonnyを起動して**05-05-sw-mp3.py**を開き、実行してみてください。タクトスイッチを押すたびに、再生・停止が切り替わるのが確認できます。

第5章 タクトスイッチによる入力

5.8 タクトスイッチでRaspberry Piを シャットダウン

タクトスイッチの状態に応じてアクションを起こす演習の3つ目として、「タクトスイッチが押されたときにRaspberry Piをシャットダウンする演習」を紹介します。

用いる回路は**図5-9**で、実行するプログラムが記述されたサンプルファイルは**05-06-sw-poweroff.py**です。Thonnyでファイルを開いて実行します。タクトスイッチが押されると、プログラムから `sudo poweroff` コマンドが実行され、Raspberry Piがシャットダウンされますので試してみてください。すなわち、タクトスイッチがRaspberry Piのシャットダウンボタンとして機能するのです。

このプログラムの次の2行では、実行したいコマンドを次のように「args」という変数に格納し、subprocessモジュールのPopenクラスに渡すように記述されています。

```
args = ['sudo', 'poweroff']
subprocess.Popen(args)
```

このプログラムが必要となる場面について解説しておきましょう。これまで皆さんが行ってきたとおり、Raspberry Piの電源を切るには、Raspberry Pi OSのデスクトップからシャットダウンする必要がありました。この方法を実行するには、Raspberry Piに最低限ディスプレイとマウスが接続されている必要があります。

しかし、Raspberry Piをロボットの頭脳にする、などといった用途を考えた場合、ロボットの電源を切るだけのためにRaspberry Piにディスプレイとマウスを接続しておくのは不便ですね。ここで紹介したプログラムを用いると、ディスプレイとマウスが接続されていなくても、タクトスイッチを押すことでシャットダウンすることができる、というわけです。

ただし、このプログラムを実用するためには、このプログラムがRaspberry Piの起動とともに自動的に実行され、タクトスイッチの入力を常に待機した状態になっている必要があります。そのような「プログラムの自動実行の方法」については、**7.6**や**10.3.3**で紹介します。

第 **6** 章

AD変換による
アナログ値の利用

- 6.1 本章で必要なもの
- 6.2 AD変換とは何か
- 6.3 半固定抵抗を用いた回路
- 6.4 フォトレジスタを用いた回路
- 6.5 半固定抵抗で音声のボリュームを変更する
  （要ネットワーク）

第**6**章　AD 変換によるアナログ値の利用

6.1　本章で必要なもの

　5章では、スイッチによるLOW/HIGHの入力を取り扱いました。これは、0/1のどちらかを入力として受け取った、と解釈することができます。本章では、より多様な値、具体的には小数点以下の桁を含む0から1の間の値を入力として受け取る方法を学びます。これを学ぶことで、「部屋の明るさを計測し、暗かったらLEDを点灯する」などの動作を実現できるようになります。そのためには、アナログ値をデジタル値に変換する「AD変換」という概念を学ぶ必要がありますので、演習を通して身につけていきましょう。以下、必要な物品を解説していきます。本章に必要な物品を**表6-1**にまとめました。

表6-1　本章で必要な物品

物品	備考
3章で用いた物品一式	必須。ジャンパーワイヤはオス−オスとオス−メスの両方を用いる
12ビット AD コンバータ MCP3208-CI/P	必須。秋月電子通商のパーツセットに含まれている。単品で購入する場合は秋月電子通商の販売コード100238。ピンの配置を読み替えれば、MCP3204-BI/Pでも演習は可能
10kΩ〜100kΩ程度の半固定抵抗	必須。秋月電子通商のパーツセットに10kΩのものが含まれている。単品で購入する場合、秋月電子通商の販売コード108012など
フォトレジスタ（CdSセル）	必須。秋月電子通商のパーツセットに含まれている。単品で購入する場合、秋月電子通商の販売コード100110など

　ADコンバータMCP3208-CI/Pは、**図6-1（A）**のように16ピンを持つ回路です。センサなどから出力されるアナログ値を、Raspberry Piで読み取ることのできるデジタル値に変換する働きをします。なお14ピンのMCP3204-BI/Pでも演習は可能ですので、もしMCP3204-BI/Pしか入手できない場合はそれを利用して構いません。ただし、ピン配置が少し異なりますので、のちに述べるように回路図の読み替えが必要です。

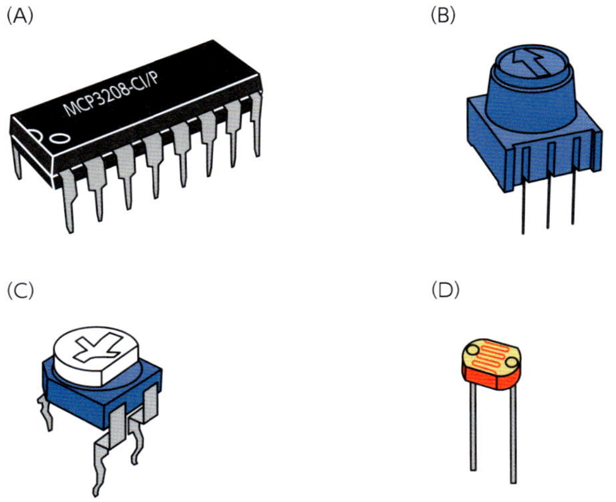

6.1 本章で必要なもの

(A)

(B)

(C)

(D)

図6-1 （A）ADコンバータ、（B）および（C）半固定抵抗、（D）CdSセルの外観

　半固定抵抗は、**図6-1 (B)** のタイプのものが秋月電子通商のパーツセットに含まれています。

　フォトレジスタは光の強さを計測するセンサとして用いられ、代表的なものが「CdSセル」です。**図6-1 (D)** のような外観をしています。

6.2 AD変換とは何か

6.2.1 2つの状態だけでは表されない量

本章では0/1の2つの状態だけではない値をRaspberry Piへ入力する方法を学びます。

たとえば部屋の明るさを考えてみましょう。天井の照明の状態でしたら、オンかオフかの2つの状態で表現できますが、「明るさ」となると、日光が部屋に入っているかどうか、カーテンが閉まっているかどうかなどの条件により、部屋には多様な明るさが生まれます。「真っ暗」、「薄暗い」、「本の文字が読める程度の明るさ」、「眩しいくらいの明るさ」などです。このように、部屋の「明るさ」は0/1の2つの状態だけは表現できません。

また、部屋の温度を計測する場合はどうでしょうか。部屋の温度がたとえば20度であった場合、この20という数値をRaspberry Piに伝えることはやはり5章までに学んだ知識ではできません。

ここで触れた「明るさ」、「温度」などの量をRaspberry Piで扱うには「アナログ」、「デジタル」、「AD変換」という概念を知っておく必要があります。

6.2.2 アナログ・デジタル・AD変換

アナログとは値が連続であること、デジタルとは値が飛び飛びであることを表します。これらは形容詞的に「アナログ信号」、「アナログ量」、「アナログ値」などのように用いられます。

具体例で見てみましょう。ここでは、**図6-2**のように短い棒があり、その長さを0.5mm刻みの定規で測る状況を考えます。理想的には、「長さ」という量は細かく測れば小数点以下の桁をどんどん増やしていけることは想像できるでしょう。これは、長さが連続である、すなわちアナログな量であることを表しています（原子のレベルまで細かく長さを測ると「長さはアナログ」とはいえなくなってしまいますが、ここではそのレベルまでは考えないこととします）。

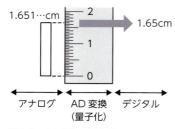

図6-2 AD変換の概念図

この長さを定規で測ったとき、図のように1.65cmと読めたとします。このとき、1.65cmより小さい小数点第3位以下の桁は定規では読めないので切り捨てていることになります。言い換えると、長さという数値を定規で測ることで0.05cm刻みの飛び飛びの値で表現していることになります。これがデジタルな値です。そして、「定規で測る」という行為がAD変換に相当します。AD変換の「AD」とは「Analog to Digital」の略で、アナログ値をデジタル値に変換することを示しています。

以上の例を踏まえると、アナログな量とデジタルな量の身近な例がたくさん見つかると思います。アナログな量の例としては、明るさ、温度、重さ、音の大きさなど、身の回りにたくさんあります。さらに、本書で取り扱ってきた電圧や電流という量もアナログです。これらのものを計測して桁を切り捨てると、それはデジタルな量になる、というわけです。

このAD変換の考え方を我々が学習しているRaspberry Piに当てはめると、さらに「2進数」および「通信」という考え方が必要となります。次にこれらについて見ていきましょう。

6.2.3 AD変換されたデジタル量をRaspberry Piで読み取る

それでは、本章で取り扱う例に従ってAD変換を考えていきましょう。図6-3が取り扱う回路の概略です。

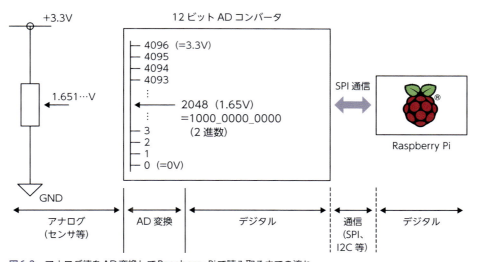

図6-3 アナログ値をAD変換してRaspberry Piで読み取るまでの流れ

左端には半固定抵抗を用いた回路があります。のちに解説するように、この回路はつまみを回転させることで0Vから3.3Vのアナログな電圧を端子から出力することができます。そのアナログ電圧を「12ビットADコンバータ」と呼ばれるものに入力します。

「コンバータ」とは「変換器」のことなので、これはAD変換を行うための回路です。このAD

コンバータは0から4096の整数の目盛りでアナログ入力を読み取ります。0が0Vに対応し、4096が3.3Vに対応します。

また、ここで用いるのは12ビットADコンバータですが、2の12乗が4096であることにも注意してください。このビット数を表す数値により目盛りの細かさが決まる、というわけです。なお、4096が3.3Vに対応する目盛りで読み取るのですが、実際には12ビットでは0から4095の数値しか表現できませんので、3.3Vという電圧に対しては4095という値が読み取られます。

さて、図6-3のように1.651…Vという電圧をこの目盛りで読み取ると1.65Vに対応する2048という数値が読み取れます。目盛りで読み取ることで飛び飛びの値になるため、読み取った量はデジタルです。アナログ値がデジタル値になりましたので、これを「AD変換」と呼ぶのでした。

次に考えなければいけないのは、この2048という数値をどのようにRaspberry Piへ伝えるかという問題です。5章ではスイッチの入力として「LOW/HIGH」を読み取りましたが、これは「0/1」と考えることもできます。このように、Raspberry Piはある瞬間においては0と1のどちらかしか入力として読み取ることができません。そうすると、2048という数値はそのままではRaspberry Piで受け取ることができません。そこで、まず2048という数値を0と1だけで数値を表現する2進数で表現する必要があります。

2048を2進数で表すと1000_0000_0000です。2進数で表した数値は桁が大きくなりますので、このように下から4桁ずつ区切って表示することがあります。これをRaspberry Piに対して、1、0、0、0、…、のように順番に送ることで、Raspberry Piは2048という数値を受け取ることができます。

これはADコンバータとRaspberry Piが通信することで可能になり、この通信方式にはSPIやI2Cなどがあります。どの通信方式を用いるかは、用いるADコンバータの種類で決まります。本章ではSPI通信を行うADコンバータを用い、I2Cを用いる回路は次章で取り扱います。

さて、SPI通信による数値の受け取りは、本書で用いているライブラリgpiozeroが自動的に行ってくれますので、我々がプログラムを書く必要はありません。さらに、gpiozeroでは読み取った0から4095の数値を、0から1の間の小数点以下の桁を含む数値に変換してくれます（細かな話ですが、正確には1/8191から1の間の数値なので、ちょうど0の数値は現れません）。この変換を行うことによって、異なるADコンバータを用いたときでも（たとえば10ビットの精度で0から1023の値を読み取るもの）、共通して0から1の間の数値として取り扱えるというメリットがあります。

以上が本章で取り扱う回路の概要です。図6-3の左端のアナログ値を出力する部分を明るさセンサや温度センサとすることで、周囲の環境に応じて処理を行う回路を作成できるようになります。

なお、1.4でArduino UnoやRaspberry Pi Picoなどのマイコンボードと比較した際のRaspberry Piの欠点の1つとして「アナログセンサの値を直接読むことができない」ことが挙げられると紹介しました。実はArduino UnoやRaspberry Pi PicoではADコンバータが内部に組み込まれているため、直接アナログ値を読むことができます。それに対して、Raspberry Piでは図6-3のようにADコンバータを別途用意しなければいけない、ということです。しかし、少し手間はかかりますが同様のことはできますので、以降で学んでいきましょう。

6.3 半固定抵抗を用いた回路

6.3.1 半固定抵抗とは

　ここから作成する回路では「半固定抵抗」を用います。半固定抵抗とは可変抵抗の1つで、抵抗の大きさを調整できるものです。ボリューム式のつまみが付いており、図6-1(B)のタイプは手で、図6-1(C)のタイプはドライバで回転させて抵抗値を調整できます。

　半固定抵抗は「抵抗の値を一度調整したらそのあとは変更しない」用途で用いることが多いので「半固定」という名称が付いていますが、本書のような学習目的ではAD変換の効果を手軽に知ることができるので便利です。図記号は図6-4(A)のようになります。3つの端子があることに着目してください。

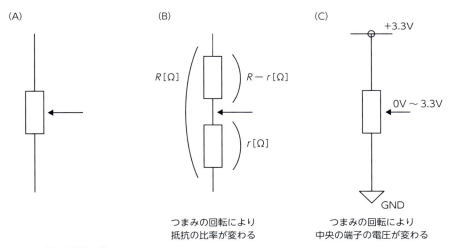

図6-4　半固定抵抗の使い方

　半固定抵抗の働きを図6-4(B)を用いて解説します。この抵抗の両端の端子の間の抵抗はRで一定です。本章ではこのRとして10kΩ〜100kΩ程度のものを用いるのでした。

　中央の端子はこの抵抗を2つに分けているのですが、つまみを回転することで、この2つの抵抗の配分が変わります。たとえば「2kΩと8kΩ」、「4kΩと6kΩ」、「6kΩと4kΩ」というように、抵抗の合計値を一定に保ちながら変化するわけです。

　この事実を用いると、たとえば図6-4(C)のように、この半固定抵抗をGNDと3.3Vに接続してつまみを回転することで、中央の端子から0V〜3.3Vのアナログ電圧を取り出すことができます。これをAD変換し、Raspberry Piで読み取っていきましょう。

6.3.2 半固定抵抗を用いた回路

図6-5が作成する回路になります。左側で半固定抵抗を用いてアナログ電圧を取り出していることがわかります。明るさセンサなどではなく半固定抵抗を用いるのは、効果がわかりやすく、初めてのAD変換のサンプルとして適しているためです。

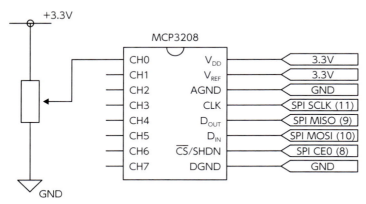

図6-5 半固定抵抗を用いた回路

このアナログ電圧をADコンバータMCP3208のCH0に接続します。ここがアナログ値を入力する端子です。CH0からCH7まであることからわかるように、このADコンバータは8つのアナログ値を読み取ることができますが、ここでは1つしか用いません。ADコンバータの右側は、Raspberry Piの各ピンに接続します。SPIで始まる名称のピンは、SPI通信で用いるピンとなります。

図6-5のMCP3208の上側中央に、半円が描かれていることに注意してください。実際のADコンバータにも半円の切り欠きがありますが、これがADコンバータの向きを合わせる目安になります。

なお、MCP3208のピン配置は、購入したショップでダウンロードできる仕様書に記されています。MCP3204を用いる方はDGNDのピン配置が異なりますので、仕様書でご確認ください。

この回路をブレッドボード上に構成したのが**図6-6**となります。ADコンバータMCP3208は、半円の切り欠きの位置に注意して配置してください。半固定抵抗は上下どちらの向きにさしても動作しますが、プログラムを動かしたあとに必要に応じて上下逆さにさし替える必要があるかもしれません。

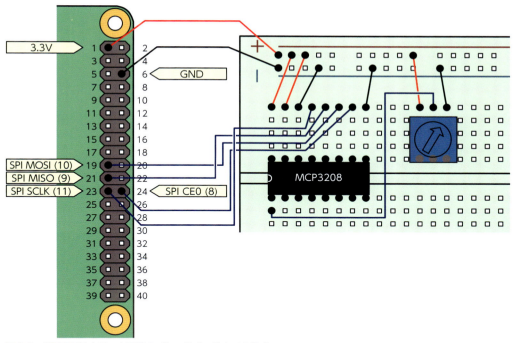

図6-6 半固定抵抗を用いた回路のブレッドボード上での構成

6.3.3 半固定抵抗の値を読み取るプログラム

SPIの有効化

プログラムを実行する前に、Raspberry PiでSPI通信を有効にしなければなりません。

デスクトップ左上のメニューを「設定」→「Raspberry Piの設定」とたどることで、39ページの**図2-26**で紹介した設定用アプリケーションを起動しましょう。現れたアプリケーションの「インターフェイス」タブにある「SPI」の項目を**図6-7**のように有効にして「OK」ボタンを押しましょう。

以後、本書の学習中、「SPI」の項目は有効な状態のままで構いません。

第 6 章　AD 変換によるアナログ値の利用

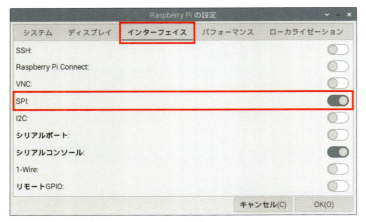

図6-7　設定用アプリケーションでSPIを有効に

半固定抵抗の値を読み取るプログラム

　半固定抵抗の値を読み取るプログラムは次の**プログラム6-1**のようになります。サンプルファイルを用いている方は**06-01-print.py**をThonnyで開いてください。

プログラム6-1　AD変換された値を読み込むプログラム

```
1  from gpiozero import MCP3208
2  from time import sleep
3
4  adc0 = MCP3208(0)
5
6  try:
7      while True:
8          inputVal0 = adc0.value
9          print(inputVal0)
10         sleep(0.2)
11
12 except KeyboardInterrupt:
13     pass
14
15 adc0.close()
```

プログラムの実行

　このプログラムをThonnyにて「Run」ボタンを押して実行すると、**図6-8**のように、AD変換で読み取った電圧に対応する値がShell領域に表示されます。半固定抵抗のつまみを回すことで、値が変化しますので試してみてください。

6.3 半固定抵抗を用いた回路

図6-8　読み取った値がShell領域に表示される様子

　6.2.3で解説したように、表示されている値は、ADコンバータの読みである0から4095の値を、gpiozeroが0から1の間の数に変換したものです。小数点以下の桁を含む数値が表示されますが、読み取られたのはあくまでも0から4095の整数値であることを頭にとどめてください。

　なお、このプログラムは「つまみを左に回すと値が小さく、つまみを右に回すと値が大きく」なることを意図しています。もしこれが逆になっていたら、半固定抵抗の向きを上下逆さにして接続し直してください。あるいは、半固定抵抗の両端の3.3VピンとGNDへの接続を逆にしても構いません。これはデスクトップやプログラムが起動中でも構いません。

import文

　ここからプログラムの内容を見ていきましょう。AD変換自体の仕組みを難しいと感じた方は多いかもしれませんが、多くの処理をgpiozeroが自動で行ってくれるので、プログラム自体はシンプルです。

　まずは1行目のimport文です。

```
from gpiozero import MCP3208
```

　いつもどおり、この1行でADコンバータMCP3208の機能を利用可能にしています。

初期化処理

　次に初期化処理を見ていきましょう。初期化処理は次の1行のみです。

```
adc0 = MCP3208(0)
```

　この行で、ADコンバータMCP3208のCH0をadc0という変数で利用可能にしています。CH0は、図6-5で解説されているものです。

whileループ（AD変換部）

　次に、プログラムのメインの部分であるwhileループを見ていきましょう。本書で初めて登場する内容を含むのは、2行だけです。

　まずはADコンバータから値を取得している次の部分です。

第6章　AD変換によるアナログ値の利用

```
inputVal0 = adc0.value
```

　ADコンバータが読み取った値をvalueプロパティで読み取り、変数inputVal0に格納しています。すでに述べたように、読み取った値は0から4095の整数値から、0から1の間の数に変換されているのでした。

whileループ（結果の表示）

　変数inputVal0にはADコンバータから得られた値が格納されているのでしたが、この値をThonnyのShell領域に改行付きで表示するのが次のprint命令です。

```
print(inputVal0)
```

　AD変換命令を含め、print命令はwhileループにより何度も繰り返されますから、Shell領域にはAD変換された値が表示され続けるわけです。

　以上で、このプログラムの挙動を理解できました。半固定抵抗の端子における電圧を、AD変換により読み取ることができることがわかったと思います。次に、この読み取る電圧を明るさセンサの出力に変更してみましょう。

COLUMN

MCP3208の抜き差しに注意

　ADコンバータMCP3208には16本の端子があるので、ブレッドボードから引き抜く際、端子が曲がらないよう真上に引き抜かなければいけません。この端子を何度も曲げて折ってしまうと、使用できなくなります。注意しましょう。筆者の場合、それを避けるためにMCP3208を常にさしっぱなしのブレッドボードを用意しています。

6.4 フォトレジスタを用いた回路

6.4.1 回路の変更点

　ここからは、先ほどの回路とプログラムを少しだけ変えて、部屋の明るさをRaspberry Piで読み取ってみましょう。すでに取り扱ったADコンバータを用いた回路とプログラムを少し変更するだけで、さまざまなセンサからの値を読み取ることができます。

　ここで用いるのは「フォトレジスタ（CdSセル）」と呼ばれる、明るさによって抵抗値が変わる抵抗の一種です。フォトレジスタの外観は図6-1（D）に示しました。図記号は図6-9（A）に示します。

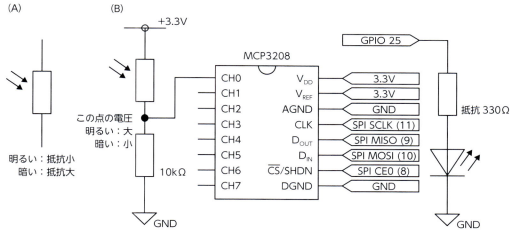

図6-9　フォトレジスタを用いた回路

　図6-9（A）に記すように、フォトレジスタは周囲が暗いときは抵抗が大きく、明るいときは抵抗が小さくなりますので、周囲の明るさを計測するセンサとして用いることができます。商品によって異なりますが、抵抗の値の目安は暗いときに1MΩ（1,000kΩ）、明るいときに10kΩ程度のものが多いです。

　これを明るさのセンサとして用いるには、図6-9（B）のような回路を組みます。これはRaspberry Piで値を読み取ることのできる回路になっていますが、フォトレジスタに関連するのはADコンバータMCP3208の左にある部分だけです。フォトレジスタと通常の抵抗を直列に接続し、その結合点の電圧を測ると、明るいときには大きく、暗いときには小さくなります。それをさきほど用いたADコンバータのCH0に入力します。ADコンバータの配線は、CH0以外変更していないことに注意してください。

第6章　AD 変換によるアナログ値の利用

この回路にLEDを追加し、「部屋が明るければLED消灯、部屋が暗ければLED点灯」という機能を実現してみましょう。光センサ付きの常夜灯として商品化されていますね。そのために図6-9(B)の右側にLEDを追加してあります。

この回路をブレッドボード上に構成すると、図6-10のようになります。半固定抵抗を用いた回路からの変更点は、主にADコンバータの右側で、フォトレジスタを用いた回路とLEDを用いた回路を追加しました。

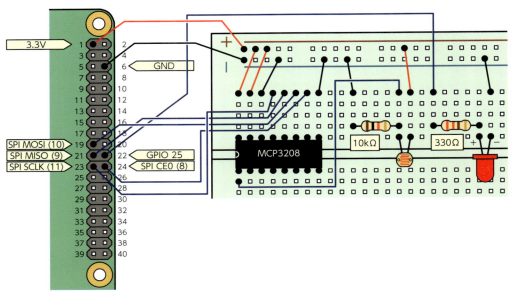

図6-10　フォトレジスタを用いた回路のブレッドボード上での構成

6.4.2　フォトレジスタを用いた回路のプログラム

さて、回路ができたら動作を確認してみましょう。まずは半固定抵抗の回路で使った **06-01-print.py** をThonnyで開き、「Run」ボタンで実行してみましょう。すると、ADコンバータで読み取った値を0と1の間の数に変換したものがShell領域に表示されます。

6.3.3 では半固定抵抗のつまみを回すことで値が変化しましたが、今回はフォトレジスタの周囲の明るさで値が変わります。皆さんもフォトレジスタの周囲に手をかざして周囲を暗くして値の変化を読み取ってみてください。

筆者の執筆時の環境では、手をかざして暗くすると0.2、通常の明るい環境では0.7程度の値が読み取れました。そこで、暗い／明るいの境界を0.5として、暗ければLEDを点灯し、明るければLEDを消灯するようプログラムを変更してみましょう。ここまでに学んだ知識で実現できます。

そのプログラムが記述されたサンプルファイルは **06-02-led.py** です。Thonnyで開き「Run」ボタンで実行すると、フォトレジスタの周囲が暗ければLEDが点灯し、明るければ消灯するは

6.4 フォトレジスタを用いた回路

ずです。

このプログラムは**プログラム6-1**（ファイル**06-01-print.py**）とあまり変わりません。主な変更点だけを記しましょう。

まず、**プログラム6-2(1)** のように、import文と初期化処理は次のようになっています。**プログラム6-1**と異なり、import文でLEDを利用可能にしています。そして、初期化処理でGPIO 25に接続したLEDを変数ledで利用可能にしています。

プログラム6-2(1) import文と初期化処理

```
from gpiozero import MCP3208, LED
  （中略）
led = LED(25)
```

次に、メインの処理ですが、**プログラム6-2(2)** のように、**5.3**で学んだif文が4行追加されています。「ADコンバータで読み取った値が0.5より小さければLEDを点灯し、そうでなければLEDを消灯する」というプログラムになっていることがわかるでしょう。

プログラム6-2(2) メインの処理の変更

```
    while True:
        inputVal0 = adc0.value
        if inputVal0 < 0.5:
            led.on()
        else:
            led.off()
        print(inputVal0)
        sleep(0.2)
```

なお、この0.5という数値は皆さんの環境に応じて変更してください。筆者の場合、フォトレジスタ周辺を暗くした場合に0.2、明るくした場合に0.7程度の値が読めたので、その境界として0.5を選んだのでした。

6.4.3 まとめ

以上で見たように、Raspberry PiでADコンバータを用いて値を読み取る場合、回路が少し複雑になりました。しかし、読み取る対象を半固定抵抗による回路からフォトレジスタによる回路に変更しても、回路やプログラムの変更は少しで済むことがわかったのではないでしょうか。皆さんが「温度を計測する」、「距離を計測する」などのセンサを新たに用いることになった場合も、ここで学んだように、最小限の変更で値を読み取って利用することができます。

121

第6章　AD変換によるアナログ値の利用

6.5 半固定抵抗で音声のボリュームを変更する（要ネットワーク）

　AD変換を用いた応用例として、半固定抵抗のつまみを音声のボリューム変更に用いてみましょう。この例は**5.7**でMP3の音楽を鳴らすことのできた方を対象とするため、ネットワークへの接続が必要になります。

　用いる回路は、**図6-5**および**図6-6**の半固定抵抗を用いたものです。用いるプログラムが記述されたサンプルファイルは、**06-03-volume.py**です。0から1の間の値を0%から100%というボリュームに変換し、amixerというコマンドでボリュームをセットするプログラムです。

　プログラムを実行する前に、音声が再生されている状態にしておく必要があります。再生する音声は**5.7**でも用いた05-07-test.mp3にします。

　ターミナルを起動して、**06-03-volume.py**のあるフォルダで音声を再生するコマンドを実行します。サンプルファイルは「gihyo」フォルダにありますので、まず `cd gihyo` というコマンドを実行して「gihyo」フォルダに移動する必要があります。そのあと、`mplayer 05-07-test.mp3` を実行します。

　上記コマンドにより、音声が再生され、05-07-test.mp3の音が鳴るはずです。もし音が鳴らなかったら、コマンドが正しいかをまず確認し、必要に応じて**5.7**に戻りイヤフォンやスピーカーの接続を見直してください。なお、音声の再生が終了してしまったら、ターミナル上でキーボードの［↑］キーを押してから［Enter］キーを押してください。もう一度同じコマンドが実行され、音が鳴ります。

　以上の準備のもと、半固定抵抗で音声のボリュームを変更するプログラムを実行してみましょう。まず、サンプルファイル**06-03-volume.py**をThonnyで開いて実行します。そして、上述の方法で音声が再生されている状態にします。その状態のまま、半固定抵抗のつまみを回転させると、音声のボリュームを変更できるはずです。

第 7 章

I2C デバイスの利用

- 7.1 本章で必要なものと準備
- 7.2 I2C接続するデバイスの例：
  温度センサADT7410
- 7.3 I2C接続するデバイスの例：小型LCD
- 7.4 小型LCDにカタカナを表示する
- 7.5 温度センサで読み取った値をLCDに表示する
  デジタル温度計
- 7.6 デジタル温度計用プログラムの自動実行
  （上級者向け）
- 7.7 入手しやすいI2C接続のセンサ用
  サンプルファイル

第 **7** 章　I2C デバイスの利用

7.1 本章で必要なものと準備

　「I2C（アイ・スクウェア・シー、アイ・ツー・シー）」は正式には I²C と表記される、「シリアル通信」と呼ばれるデータの通信方式の1つです。**6.2** で AD 変換について学んだ際、「AD コンバータと Raspberry Pi が、SPI 通信でデータをやり取りする」と述べましたが、本章では Raspberry Pi とセンサや小型の LCD（液晶ディスプレイ）との間で、「I2C 通信」を行う方法を学びます。

　6.2.3 で述べたように、Raspberry Pi とセンサ等の間でどのような通信を行うかは、用いるデバイスで決まることが多いです。6章ではアナログ値を出力するセンサを AD 変換により取り扱いましたが、I2C 通信を用いると、デジタル値を出力するセンサを多数扱えるようになります。

　本章で必要になる物品は、**表7-1** のとおりです。

表7-1　本章で必要な物品

物品	備考
3章で用いた物品一式	必須。ジャンパーワイヤはオス−オスとオス−メスの両方を用いる。抵抗と LED は不要
ADT7410 使用温度センサモジュール	必須。秋月電子通商のパーツセットにも含まれている。秋月電子通商での販売コードは 106675
AQM0802 使用 LCD モジュール	必須。秋月電子通商のパーツセットにも含まれている。秋月電子通商での販売コードは 111753。キットではなく完成品を推奨
はんだごて、はんだ	必須。温度センサモジュールを作成するために用いる

7.1.1　用いる物品に関する補足

　本章では、I2C 通信を行うデバイスとして、温度センサと小型の LCD を取り扱います。**表7-1** にあるように、秋月電子通商で入手できる ADT7410 使用温度センサモジュールと AQM0802 使用 LCD モジュールです。

　温度センサモジュールは、はんだごてを利用して作成するキットです。完成した状態は、**図7-1（A）** のようになります。ピンが4本あり、ブレッドボードにさし込める状態になっています。

124

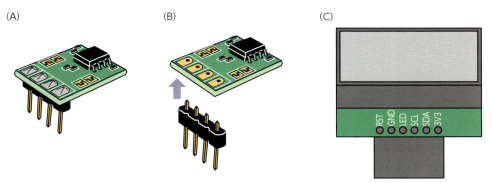

図7-1　本章で用いる温度センサとLCD

　なお、温度センサの「ADT7410」とはこの基板上の黒いチップのことを指します。ADT7410のみを購入しても、本章の内容を動作させることは技術的には可能ですが、ブレッドボード上で用いるには、高度なはんだづけの技術が必要となります。そこで、センサを基板に配置し、ブレッドボードにさし込めるようにした「モジュール」がしばしば用いられるというわけです。

　このモジュールの完成前の状態が**図7-1(B)**です。ブレッドボードにさし込むためのピン（「ピンヘッダ」といいます）と基板を接続する様子を示しています。

　AQM0802使用LCDモジュールを示したのが**図7-1(C)**です。キットではなく完成品を推奨します。なお、**表7-1**で紹介した秋月電子通商で入手できるLCDモジュールはRaspberry Pi用の対応が加えられたものです。その対応のないLCDは動作しないことがありますのでご注意ください。

はんだづけのコツ

　一般的なはんだづけの手順を**図7-2**にまとめました。ピンを基板の穴に通したとき、穴の周囲には「ランド」と呼ばれる金属部があるので、このランドとピンをはんだにより導通させます。

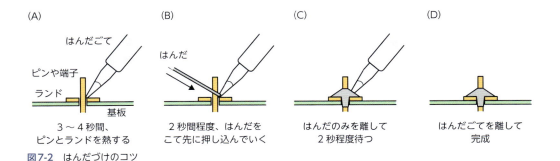

図7-2　はんだづけのコツ

重要なことは、図7-2(A)のように、はんだごてでピンとランドに触れ、両方を熱することです。このうち片方のみしか熱しないと、はんだづけはうまくいきません。3～4秒間熱したら、図7-2(B)のように、はんだごてのこて先に向かってはんだを押し込んでいきます。はんだを押し込む速さにも依存しますが、目安としては2秒程度押し込めばよいでしょう。

そして、図7-2(C)のように、まずははんだのみを離し、はんだごては基板とランドに触れたまま2秒程度待ちます。最後にはんだごてを離して完成です。はんだづけにおいて、この図7-2(A)～(C)の過程はどれも重要ですので、意識して行いましょう。はんだづけが成功すると、図7-2(D)のようにランド上ではんだが山のような形を成します。

はんだが山状ではなく、球のようになった状態は「いもはんだ」と呼ばれ、接触不良の原因となります。いもはんだを避けるには、図7-2(A)のようにランドとピンの両方を十分に熱すること、図7-2(C)のようにはんだを離したあと2秒程度はんだごてを離さないことが重要です。

7.1.2 Raspberry PiでI2C通信を行うための準備

ここでは、Raspberry Pi OSでI2C用モジュールを有効にする設定を行います。39ページの図2-26のRaspberry Piの設定用アプリケーションを、メニューから「設定」→「Raspberry Piの設定」とたどって起動しましょう。この設定アプリケーションで「インターフェイス」タブを選択し、「I2C」の項目を図7-3のように有効にしてください。「OK」ボタンで設定アプリケーションを終了します。

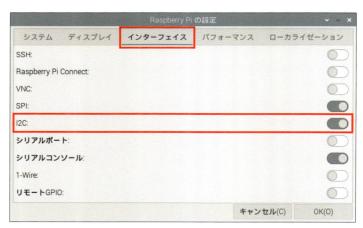

図7-3 設定用アプリケーションによるI2Cの有効化

以上でI2Cについての設定は完了ですが、Pi 5については少し注意があります。執筆時、OSの核であるカーネルのバージョンが6.6.20のときは、本章の後半で用いるLCDがPi 5で正常に動作しませんでした。カーネルのバージョンが6.6.25以降ならば正常に動作しますので、古いOSを用いている方はOSを更新してください。カーネルのバージョンは、ターミナル上で `uname -r` を実行することで知ることができます。

7.2 I2C接続するデバイスの例：温度センサADT7410

7.2.1 I2Cとは

I2C接続の一般的な模式図を示したのが**図7-4**です。「マスター」と呼ばれるデバイスが本書ではRaspberry Piに相当し、「スレーブ」と呼ばれるデバイスが接続されます。スレーブデバイスにはアドレスという概念があり、異なるアドレスを持つデバイスを複数接続することができます。

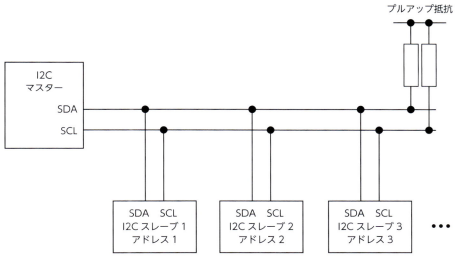

図7-4 I2C接続の模式図

本章ではRaspberry Piに温度センサとLCDを同時に接続します。マスターとスレーブは、シリアルデータ（SDA）とシリアルクロック（SCL）の2線で接続されます。6章で取り扱ったSPI通信ではSCLK、MISO、MOSI、CEの4つの線で接続されましたから、それよりも接続はシンプルになります。

なお、一般的なI2C接続では、**図7-4**のようにSDAとSCLにプルアップ抵抗が必要です。ただし、Raspberry Piにはこのプルアップ抵抗が内蔵されているので、用いる必要はありません。

それでは、実際に試してみましょう。

7.2.2　ADT7410使用温度センサモジュールの利用

　図7-5が、ADT7410使用温度センサモジュールを利用するためにブレッドボード上に作成する回路です。SDAとSCLの2線に加え、3.3VピンとVDDとを接続し、さらにGND同士を接続します。これにより、温度センサの出力をRaspberry Piで読むことができます。

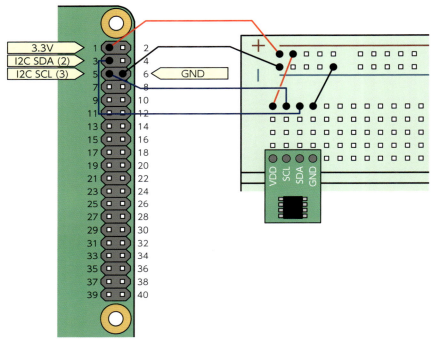

図7-5　温度センサを用いる回路をブレッドボード上に構成

　6.3で取り扱った図6-6（115ページ）や6.4で取り扱った図6-10（120ページ）もセンサの値を読む回路でした。それに比べると回路がシンプルであることがわかります。その理由は、7.2.1で述べたように、I2C接続のほうが少ない配線で済むこと、そして6章では別々に扱われていたセンサとADコンバータがチップADT7410に内蔵されていることによります。これが、多くのI2Cセンサの特長です。

　さて、Raspberry Piから温度を読み取るためには、接続した温度センサが、Raspberry Piから認識されている必要があります。プログラムを実行する前にその認識チェックを行ってみましょう。

　まず、38ページの図2-25に示されているアイコンをクリックしてLXTerminal（ターミナル）というソフトウェアを起動します。このターミナルはデスクトップのメニューから「アクセサリ」→「LXTerminal」を選んでも起動することができます。なお、本書でターミナルを初めて用いたのは付録Bでサンプルファイルをダウンロードするときでした。

7.2 I2C接続するデバイスの例：温度センサADT7410

　このターミナル上で `i2cdetect -y 1` というコマンド（命令）をキーボードで入力し、［Enter］キーを押して実行してください。このコマンドは、Raspberry Piに接続されているI2Cデバイスのアドレスを列挙するためのものです。温度センサがRaspberry Piから正常に認識されていれば、**図7-6**のように、「48」という数値が表示されます。のちに述べるように、この数値は温度センサのアドレスを表しています。この数値を確認したら先に進みましょう。この数値が現れていなければ、Raspberry Piから温度センサが認識されていません。その原因としては、回路の接続ミスかはんだづけ不良が考えられますのでチェックしてみましょう。**7.1.2**でI2Cが有効にされていることも必要です。

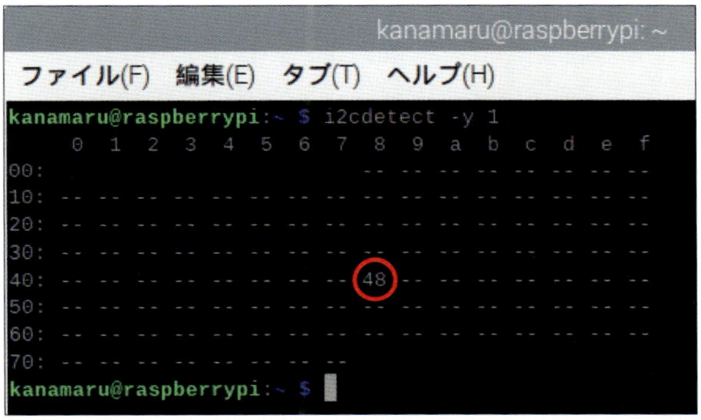

図7-6　I2C接続の温度センサADT7410のアドレスを確認している様子

　さて、この回路を動かすための**プログラム7-1**は次のようになります。サンプルファイルを用いている方は、**07-01-temp.py**を開いてください。

プログラム7-1　I2C接続の温度センサADT7410の値を読むプログラム

```
1   import smbus
2   from time import sleep
3
4   def read_adt7410():
5       word_data = bus.read_word_data(address_adt7410, register_adt7410)
6       data = (word_data & 0xff00)>>8 | (word_data & 0xff)<<8
7       data = data>>3  # 13ビットデータ
8       if data & 0x1000 == 0:  # 温度が正または0の場合
9           temperature = data*0.0625
10      else:  # 温度が負の場合、絶対値を取ってからマイナスをかける
11          temperature = ( (~data&0x1fff) + 1)*-0.0625
12      return temperature
13
14  bus = smbus.SMBus(1)
15  address_adt7410 = 0x48
16  register_adt7410 = 0x00
```

129

```
17
18  try:
19      while True:
20          inputValue = read_adt7410()
21          print(inputValue)
22          sleep(0.5)
23
24  except KeyboardInterrupt:
25      pass
```

　このプログラムをThonnyで実行すると、**6.3.3**で取り扱ったプログラムのように、0.5秒おき
にShell領域に温度が表示されます。なお、**6.3.3**とは異なり、出力は0から1の間の数値ではな
く、摂氏で表された0.0625度刻みの温度です。

　プログラムはこれまでのものと同様、**図5-11**（96ページ）の構造をしています。このプログラ
ムのポイントを記すと、次のようになります。まず、I2C通信を行うための初期化処理が次の1行
です。

bus = smbus.SMBus(1)

　このように取得した変数busに対して、命令を実行していきます。温度センサのアドレスなど
を変数に格納しているのが次の2行です。

address_adt7410 = 0x48
register_adt7410 = 0x00

　「address_adt7410」は**7.2.1**で解説し、**図7-6**で確認したこのデバイスのアドレスを格納する
ための変数です。「0x48」がそのアドレスですが、「0x」は、引き続く数字が16進数で表されてい
ることを示しますので、「16進数の48」を意味します。回路やプログラミングを学んでいると、
数値を16進数で表すことが頻繁にあります。その理由は、コンピュータやデジタル回路が動作す
る際には、2進数が密接に関わっており、16進数と2進数は対応がつけやすいからです。実際、こ
の温度センサの仕様書にはアドレスが16進数で示されています。

　「register_adt7410」は取得したいデータが格納されているレジスタのアドレスを格納するた
めの変数で、ここでは0x00番地のレジスタを用います。レジスタとは、このようにデータを取得す
るときや、こちらから設定値をセットするときなどに用いられるものです。この2つのアドレス
を用いて、次のようにデータを取得します。

word_data = bus.read_word_data(address_adt7410, register_adt7410)

　このbus.read_word_data命令により、2バイト（16個並んだ0か1）のデータが取得できます。
　以上を言葉で表せば「アドレス0x48のI2Cデバイスの0x00番地レジスタを2バイト読んでデー
タとする」となり、これにより温度に関連するデータを取得できます。

I2C接続するセンサを用いる際に必要なもの

このアドレスやレジスタの番地は、センサの仕様で決まっており、そのセンサの仕様書を読むことで、初めて明らかになります。前述の「0x48」や「0x00」といった数値は用いるセンサによって異なりますし、さらにそれだけではなく、センサによってはデータ取得の前に「○○番地のレジスタにデータ□□を書き込む」などの処理が必要な場合もあります。それらはやはりすべて仕様書を読むことで明らかになります。

これはつまり、用いるセンサごとに仕様を調べてプログラムをすべて書き直さねばならない、ということを意味します。これは6章の**プログラム6-1**を、半固定抵抗と明るさセンサの両方に適用できたことと対照的です。そのため、I2Cセンサの利用は初学者にはややハードルが高いといえます。

なお、本書で用いるもの以外の入手しやすいセンサについて、**7.7**で紹介しています。センサごとの使用に合わせて記述したプログラムのサンプルファイルもあるので、興味のある方は活用してください。

7.3 I2C接続するデバイスの例：小型LCD

それでは、次にI2C接続する小型の液晶（LCD）を取り扱ってみましょう。ここで扱うLCDは、英数字と記号を8文字×2列表示できるものです。**図7-4**に示されているように、**7.2**で取り扱った温度センサとLCDを同時にRaspberry Piに接続してみましょう。ブレッドボード上での接続例は**図7-7**のようになります（本節ではまだ温度センサは使わないので、温度センサなしでも問題ありません）。

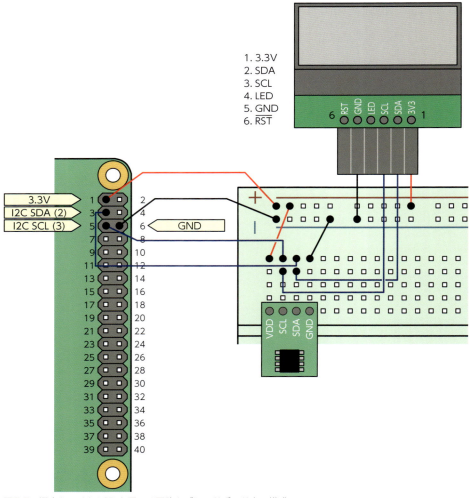

図7-7 温度センサとLCDを用いる回路をブレッドボード上に構成

7.3 I2C 接続するデバイスの例：小型 LCD

　なお、LCDモジュールの完成品はブレッドボードにはさし込めませんので、ブレッドボードと LCDモジュールをオス−オスタイプのジャンパーワイヤで接続して回路を実現してください。ま た、このLCDモジュールは単独で用いるときはRaspberry PiのGPIOポートに直接さし込ん で使えるのですが、この章の演習では温度センサとLCDを一緒に用いるために図のようにブレッ ドボードを介する構成としています。このLCDをGPIOポートに直接さし込む演習は10章で行 います。

　LCDモジュールの図中の6番のピンは、「RST」の上に横棒が描かれています。これはこのピ ンが負論理であること、すなわち、通常はHIGHであり、これがLOWに切り替わったときに回 路がRESETされることを意味します。「RST」は「RESET」を省略したものです。そのため、 通常は3.3Vに接続しておくのですが、このLCDでは基板上でプルアップ抵抗を介してすでに 3.3Vに接続されておりますので、ここでは何も接続しません。

　また、LCDのLEDと書かれたピンにも何も接続されていませんが、この完成版のLCDには LEDによるバックライト機能がないからです。

　先ほどの温度センサのときと同様、LCDモジュールがRaspberry Piから認識されるかどうか、 チェックしましょう。ターミナルを起動し、`i2cdetect -y 1` というコマンドを実行するのでし た。正しく認識されていれば、**図7-8**のように、「48」と「3e」という数値が表示されます。す でに述べたように、「48」は温度センサのアドレスを表しています。新たに現れた「3e」がLCD モジュールのアドレスを表します。

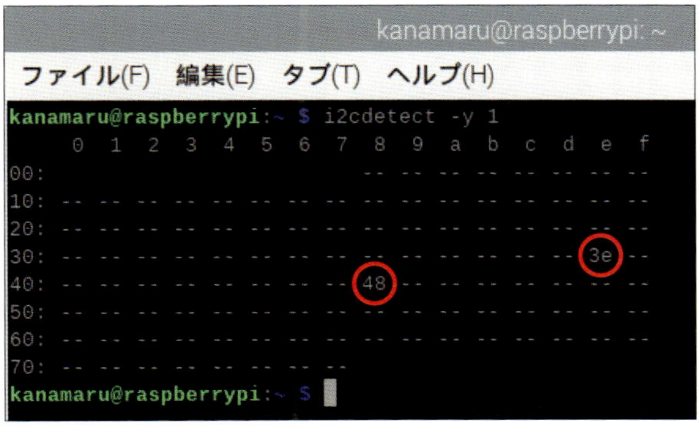

図7-8　i2cdetectコマンドで温度センサとLCDのアドレスを確認している様子

　さて、このLCDに「Hello World」と表示するプログラムが次の**プログラム7-2**です。プログ ラムが記述されたサンプルファイル**07-02-LCD.py**をThonnyで開いて実行すると、LCDに 「Hello World」と表示されます。

133

第**7**章 I2C デバイスの利用

プログラム7-2 I2C接続のLCDモジュールに「Hello World」と表示するプログラム

```
1   import smbus
2   import sys
3   from time import sleep
4
5   def setup_st7032():
6       trials = 5
7       for i in range(trials):
8           try:
9               c_lower = (contrast & 0xf)
10              c_upper = (contrast & 0x30)>>4
11              bus.write_i2c_block_data(address_st7032, register_setting, [0x38, 0x39, ⏎
    0x14, 0x70|c_lower, 0x54|c_upper, 0x6c])
12              sleep(0.2)
13              bus.write_i2c_block_data(address_st7032, register_setting, [0x38, 0x0d, ⏎
    0x01])
14              sleep(0.001)
15              break
16          except IOError:
17              if i==trials-1:
18                  sys.exit()
19
20  def clear():
21      global position
22      global line
23      position = 0
24      line = 0
25      bus.write_byte_data(address_st7032, register_setting, 0x01)
26      sleep(0.001)
27
28  def newline():
29      global position
30      global line
31      if line == display_lines-1:
32          clear()
33      else:
34          line += 1
35          position = chars_per_line*line
36          bus.write_byte_data(address_st7032, register_setting, 0xc0)
37          sleep(0.001)
38
39  def write_string(s):
40      for c in list(s):
41          write_char(ord(c))
```

7.3 I2C 接続するデバイスの例：小型 LCD

```python
42
43  def write_char(c):
44      global position
45      byte_data = check_writable(c)
46      if position == display_chars:
47          clear()
48      elif position == chars_per_line*(line+1):
49          newline()
50      bus.write_byte_data(address_st7032, register_display, byte_data)
51      position += 1
52
53  def check_writable(c):
54      if c >= 0x06 and c <= 0xff :
55          return c
56      else:
57          return 0x20 # 空白文字
58
59  bus = smbus.SMBus(1)
60  address_st7032 = 0x3e
61  register_setting = 0x00
62  register_display = 0x40
63
64  contrast = 32 # 0から63のコントラスト。30から40程度を推奨
65  chars_per_line = 8   # LCDの横方向の文字数
66  display_lines = 2    # LCDの行数
67
68  display_chars = chars_per_line*display_lines
69
70  position = 0
71  line = 0
72
73  setup_st7032()
74
75  if len(sys.argv)==1:
76      # アルファベットと記号は「''」でくくってそのまま表示可能
77      write_string('Hello World')
78
79      # カタカナや特殊記号は文字コードを一文字ずつ入力
80      # 以下は「ラズベリー パイ」と表示する例
81      #s = chr(0xd7)+chr(0xbd)+chr(0xde)+chr(0xcd)+chr(0xde)+chr(0xd8)+chr(0xb0)+' '+
    chr(0xca)+chr(0xdf)+chr(0xb2)
82      #write_string(s)
83  else:
84      write_string(sys.argv[1])
```

135

第 **7** 章　I2C デバイスの利用

　このプログラムは、別の用途でも用いることができるよう複数の関数を用意しているため、少し複雑になっています。後述の **7.5** ではこのプログラムを流用し、**7.2** で用いた温度センサで取得した値をこの LCD に表示する演習を行います。

プログラムで定義されている関数

　まず、定義されている関数の名称と役割をまとめておきましょう。

setup_aqm0802a()

　液晶を初期化するための関数です。初期化に必要な命令を I2C 接続で LCD のデバイスに書き込んでいます。

clear()

　液晶に書かれている文字を消去し、カーソルを先頭に戻す関数です。

newline()

　改行する関数です。カーソルを次の行の先頭に移動します。

write_string(s)

　液晶に、複数の文字からなる文字列 s を表示する関数です。内部で write_char 関数が呼び出されます。

write_char(c)

　LCD に一文字表示します。改行が必要な場合は newline 関数を呼び出し、文字数があふれる場合は clear 関数を呼び出します。さらに、LCD で表示できない文字が指定された場合は空白を表示します。内部で check_writable 関数が呼び出されます。

check_writable(c)

　文字 c が液晶で表示できる文字かどうかをチェックし、表示できない文字ならば空白に置き換えます。

　これらの関数は、実現したい機能（LCD に文字列を表示）と LCD の仕様書（秋月電子通商でダウンロードできます）をもとに記述するわけですが、プログラミングの学び始めの時期にいきなりこのようなプログラムを書ける人はいません。まずはこのような関数を書くことよりも、利用することからプログラミングを学んでいきましょう。

while ループのないプログラム

　さて、**プログラム7-2** では、初期化処理で多くの変数に値を代入していますが、ほとんどが前述の関数の内部で用いられるものです。このプログラムで本質的な部分は「write_string('Hello

136

7.3 I2C接続するデバイスの例：小型LCD

World')」の1行です。

　ここでは定義済みの関数write_stringに「Hello World」という文字列を引用符付きで渡しており、これがLCDに表示されます。この文字列を変更することで、LCD上の文字列を変更できます。それを試す前に、この**プログラム7-2**はwhileループを含んでいない、ということに注目してください。

　本書でここまで紹介したプログラムの多くは、「while True:」で始まるwhileループを含んでおり、Ctrl-Cでプログラムを終了するまでその中身が何度も繰り返されるのでした。一方、**プログラム7-2**は「write_string('Hello World')」という命令が実行されたあとすぐにプログラムが終了しますので、Ctrl-Cでプログラムを終了する必要はありません。

　なぜwhileループがなくてもよいかというと、LCDに文字を書き込むと、その文字は電源が接続されている限り消えずに保持されるからです。そのため、「Hello World」と何度も書き込み続ける必要はなく、whileループは不要なのです。

　以上の解説を踏まえると、「Hello World」部を書き換えてプログラムを再実行する際、Ctrl-Cによるプログラムの終了は不要であるということがわかります。

コマンドによるプログラムの実行

　また、このプログラムのメインの処理部では、if文により「write_string('Hello World')」を実行するか「write_string(sys.argv[1])」を実行するか分岐しています。少しLinux系OSに慣れている方向けの内容になりますが、この部分も解説しておきましょう。

　まず、**付録C**の**C.2**で解説している方法で**プログラム7-2**を実行してみます。ターミナルを起動して、まず**プログラム7-2**が記述されたサンプルファイル**07-02-LCD.py**のあるフォルダに移動します。サンプルプログラムは「gihyo」フォルダにありますので、`cd gihyo` というコマンドを実行することでgihyoフォルダに移動するのです。そのあと、`python3 07-02-LCD.py` の命令を実行します。

　実行した結果、LCDにはプログラム中に書き込んだ文字列（デフォルトでは「Hello World」）が表示されたはずです。これが、これまでThonnyから実行していたプログラムを、コマンドにより実行する方法です。

　次に、このプログラムをコマンド `python3 07-02-LCD.py 'test'` で実行してみましょう。先ほどのコマンドの後ろに空白を入れて `'test'` を追加したコマンドとなっています。このコマンドを記述する際、ターミナル上でキーボードの［↑］キーを押すことで、先ほど実行したコマンド `python3 07-02-LCD.py` を再表示するのが便利です。再表示されたコマンドの末尾に空白を入れてから `'test'` を追記し、［Enter］キーを押すことでこのコマンドを楽に実行できます。

　コマンドの実行により、今度はLCDに「test」と表示されたはずです。ここでコマンド実行時に与えた `'test'` のことを「コマンドライン引数」と呼びます。**プログラム7-2**は、コマンドライン引数なしで実行すれば「Hello World」とLCDに表示し、コマンドライン引数付きで実行すれば、その内容をLCDに表示するプログラムとなっています。if文はその分岐を行っていたというわけです。

第7章 I2Cデバイスの利用

7.4 小型LCDにカタカナを表示する

7.3で用いた**プログラム7-2**(07-02-LCD.py）は実はカタカナも表示できるようなプログラムとなっています。その方法をここで紹介しましょう。

07-02-LCD.pyに、「#」のついたコメントとして無効にされた次の2行があります。

```
#s = chr(0xd7)+chr(0xbd)+chr(0xde)+chr(0xcd)+chr(0xde)+chr(0xd8)+chr(0xb0)+' '+ ⏎
chr(0xca)+chr(0xdf)+chr(0xb2)
#write_string(s)
```

この2行はLCDに「ラズベリー　パイ」というカタカナを表示するためのものなのですが、これを有効にするために次の変更を行ってみましょう。

- write_string('Hello World')の先頭に「#」を記述して無効にする
- その後、上記2行の先頭の「#」を削除して有効にする

その後、**07-02-LCD.py**を上書き保存してから実行すると、LCDにはカタカナで「ラズベリー　パイ」と表示されます。「chr(0xd7)」の「0xd7」がカタカナ「ラ」の「文字コード」を表します。「0x」は16進法の数字の先頭に付けるのでしたから、「ラ」の文字コードは16進法でd7ということになります。このLCDモジュールで表示できる文字の文字コードの一覧をまとめたのが**図7-9**です。

図7-9を見ると、上で示した2行はカタカナ一文字一文字の文字コードをchr関数に渡し、それを「+」演算子で結合していることがわかります。ただし、空白文字だけは英数字と同じ扱いで一重引用符「'」で囲って表現しています。一旦変数sに格納してから、関数write_stringに渡していることにも注意しましょう。

以上と同じ方法を用いると、**図7-9**に示されたさまざまな文字を表示できますので試してみてください。

138

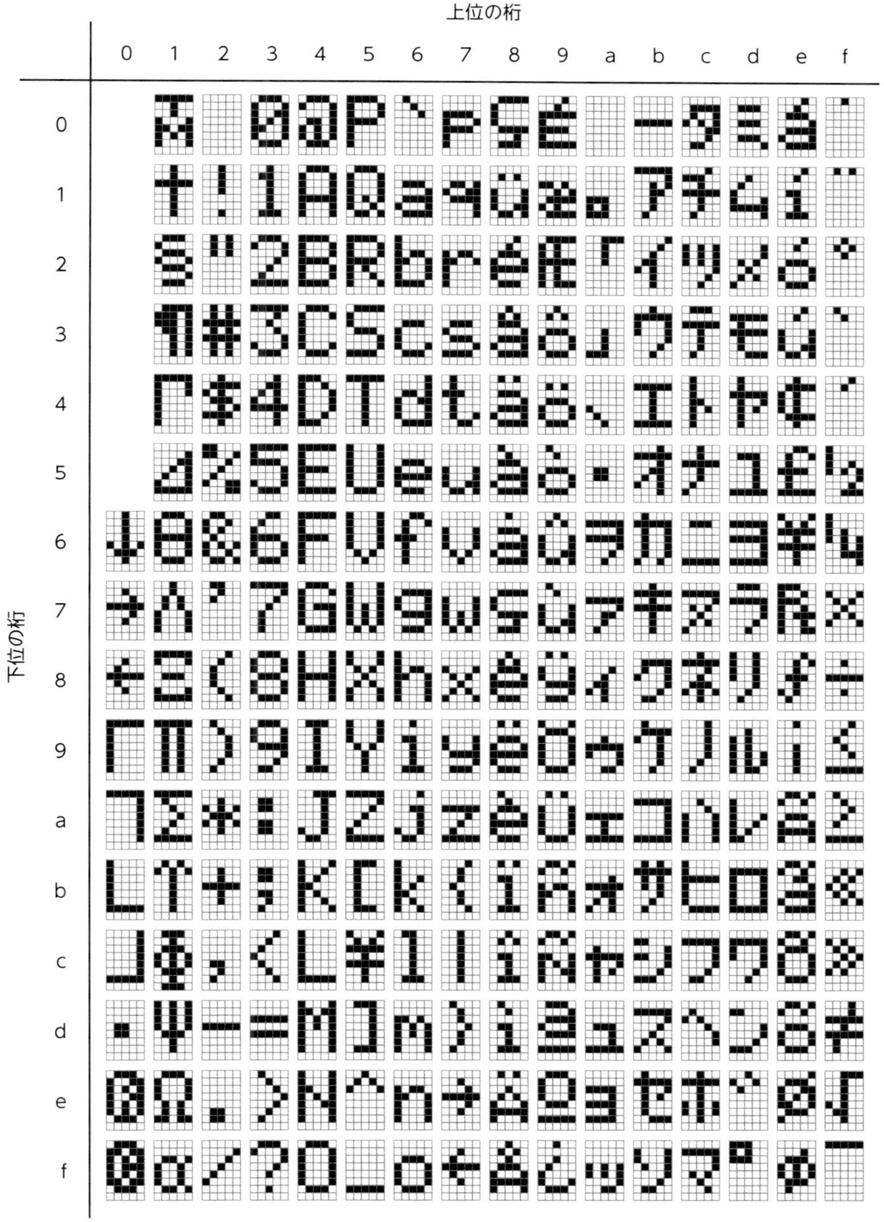

7.4 小型 LCD にカタカナを表示する

図7-9 LCDに表示できる文字のコード表

第 7 章　I2C デバイスの利用

7.5　温度センサで読み取った値を LCD に表示するデジタル温度計

7.2 で I2C 接続の温度センサを、**7.3** で I2C 接続の LCD の用い方を紹介しました。この 2 つを組み合わせ、温度を LCD に表示するようなプログラムを作成すればデジタル温度計ができます。

回路は**図 7-7** のままです。そして、用いるプログラムが記述されたサンプルファイルは **07-03-LCD-temp.py** です。**プログラム 7-1** や**プログラム 7-2** と関数の定義、および初期化処理は共通なので、次の**プログラム 7-3** では、メインの処理のみを記しています。

プログラム 7-3　温度センサで読み取った値を LCD に表示するプログラムのメインの処理

```
 1  try:
 2      while True:
 3          inputValue = read_adt7410()
 4          try:
 5              clear()
 6              s = str(inputValue)
 7              write_string(s)
 8          except IOError:
 9              print('接続エラースキップ')
10          sleep(1)
11
12  except KeyboardInterrupt:
13      pass
```

本質である while ループは**プログラム 7-1** とほとんど同じです。異なるのは主に次の部分です。

clear()

温度を LCD に表示する前に LCD を一旦消去しています。

s = str(inputValue)

inputValue は温度を表す数値ですが、これを LCD に表示できるよう文字列に変換しています。

文字列 s を write_string 関数で LCD に表示するのは、**プログラム 7-2** と同じです。なお、「sleep(1)」により、1 秒ごとに温度を更新するようにしています。

以上により、デジタル温度計が実現されます。サンプルファイル **07-03-LCD-temp.py** を Thonny で開いて実行すると、温度センサ周囲の温度が LCD に表示されます。

7.6 デジタル温度計用プログラムの自動実行（上級者向け）

7.5でデジタル温度計を作成しました。しかし、作成した状態のまま居間などで使うことを考えた場合、次のような点で問題があります。

1. Raspberry Piを起動したあと、「温度センサで読み取った値をLCDに表示するプログラム」を手動で実行しなければならない
2. 上記を実行するためには、Raspberry Piにキーボード、マウス、ディスプレイを接続することになり、これでは温度計というより、むしろ単なるPCにすぎない

もし、Raspberry Piが起動するときに「温度センサで読み取った値をLCDに表示するプログラム」が自動で実行されれば、Raspberry Piにキーボード、マウス、ディスプレイを接続することなくデジタル温度計が実現できます。その方法を本節で学びましょう。あらかじめ、**図7-7**の回路を作成しておきます。

なお、本節はLinux系OSのシステムに踏み込んだかなり上級者向けの内容となっています。自信がないという方は先の章に進んでも構いません。

コマンドによるプログラムの実行

まず、どのようなコマンドでプログラムが実行されるか知る必要があります。これは**7.3**で紹介したように、「温度センサで読み取った値をLCDに表示するプログラム」が記述されたサンプルファイル**07-03-LCD-temp.py**が存在するフォルダで `python3 07-03-LCD-temp.py` を実行すればよいのでした。

プログラムを自動実行する際には、このサンプルファイルが存在するフォルダも含めて記述する必要があります。そのため、`python3 /home/kanamaru/gihyo/07-03-LCD-temp.py` を実行します。ただし、ユーザー名を表す `kanamaru` の部分は皆さんのユーザー名で置き換える必要があります。

プログラムをRaspberry Pi起動時に自動実行

前述の内容をRaspberry PiのOSが起動するときに自動的に実行されるようにします。そのため、起動するときに実行されるファイルである/etc/rc.localに上記のコマンドを追加します。

実際に追加してみましょう。まずターミナルを起動し、`sudo mousepad /etc/rc.local` のコマンドでファイル/etc/rc.localを管理者権限のテキストエディタで開きます。このとき、テキストエディタには「警告：あなたはrootアカウントを使用しています。システムに悪影響を与えるかもしれません。」という警告が赤く表示されます。「rootアカウント」とは「管理者権限を持つアカウント」という意味ですので、以降の作業は慎重に行いましょう。

第7章 I2Cデバイスの利用

　さて、ファイル/etc/rc.localの末尾に「exit 0」という行があります。その行の手前に、前項で述べたプログラムを実行するためのコマンドを1行記述します。

```
python3 /home/kanamaru/gihyo/07-03-LCD-temp.py &    ← この1行を追加
exit 0
```

　すでに述べたように、「kanamaru」の部分は皆さんのユーザー名で置き換える必要があります。
　末尾の「&」は、**10.3.3**で解説される、プログラムをバックグラウンドで実行するためのものです。ここでも必ず記述してください。正しく記述できたら、ファイルを保存してからテキストエディタを終了しましょう。
　以上が済んだら、Raspberry Piを再起動してみましょう。プログラムが自動的に実行されているはずです。温度センサに指を近づけるなどして、LCD上の温度の読みが変動することを確認しましょう。
　温度が変動しない場合、それは以前のLCDの表示がそのまま残っているだけであり、プログラムが自動的に実行されていない可能性があります。もう一度/etc/rc.localの記述を見直してみましょう。

タクトスイッチによるRaspberry Piのシャットダウン

　プログラムが自動的に実行されていることを確認できたら、キーボード、マウス、ディスプレイを外した状態でもデジタル温度計が機能することが想像できるでしょう。PCというよりはより「回路」らしい状態でデジタル温度計が機能することをイメージできるはずです。
　しかし、その状態ではRaspberry Piにシャットダウンの命令を与えることができないという問題があります。そこで、次はこの部分を改善します。キーボード、マウス、ディスプレイを接続した状態のまま、Raspberry Piの設定を行っていきましょう。
　回路によりRaspberry Piの電源を切る方法は**5.8**に説明があります。ブレッドボード上に、91ページの**図5-9**の回路のタクトスイッチの部分だけを追加します。
　タクトスイッチでRaspberry Piをシャットダウンするプログラムが記述されたサンプルファイルは、**05-06-sw-poweroff.py**でした。これを自動実行するコマンドは `python3 /home/kanamaru/gihyo/05-06-sw-poweroff.py &` となります。`kanamaru` の部分は皆さんのユーザー名で置き換えるのでした。これを、前項のようにファイル/etc/rc.localの「exit 0」の1つ上の行に追加すれば希望の動作を実現できます。ファイル/etc/rc.localを保存して閉じたらRaspberry Piをシャットダウンしましょう。そして、キーボード、マウス、ディスプレイを外した状態でRaspberry Piを起動し、「デジタル温度計のプログラムが自動的に実行されること」、「タクトスイッチを押すことでRaspberry Piがシャットダウンされること」の2点を確認してください。ディスプレイが接続されていない状態でRaspberry Piがシャットダウンされたことを確認するのは慣れていないとやや難しいですが、「Raspberry Pi上のLEDが緑色で点滅し、最終的に赤色で点灯したままの状態になること」を確認すると良いでしょう。

142

プログラムの自動実行を無効に戻す

最後に、プログラムを自動実行する設定を無効にして、元の設定に戻す方法を解説しましょう。

キーボード、マウス、ディスプレイを接続してRaspberry Piを起動し直します。そして、ファイル /etc/rc.local を管理者権限のテキストエディタで開き、次のように自動実行用のコマンドの先頭に「#」を記述することでコメントとして無効化します。「exit 0」の行には手を付けずにそのまま残してください。

```
#python3 /home/kanamaru/gihyo/07-03-LCD-temp.py &
#python3 /home/kanamaru/gihyo/05-06-sw-poweroff.py &
exit 0
```

ファイル /etc/rc.local を保存し、Raspberry Piを再起動すると、プログラムが自動実行されない状態で起動します。

第7章 I2Cデバイスの利用

7.7 入手しやすいI2C接続の センサ用サンプルファイル

7.2で述べたように、I2C接続のセンサの値を読むプログラムを書くことは、プログラムの学び始めのレベルではなかなか大変です。そこで、入手しやすいセンサのためのプログラムをサンプルファイルに含めました。**表7-2**はその一覧です。

本書では、各センサの使用法の解説は割愛しています。**7.2**で扱った温度センサの演習がヒントになりますし、プログラム中のコメントに回路の接続方法などが記されていますので、参考にしてください。

表7-2 サンプルファイルで用いることのできるI2C接続センサ

種類	搭載チップ	型番など	サンプルファイル	備考
温度センサ	TMP102	千石電商やスイッチサイエンス（SEN-13314）	07-04-temp.py	温度を計測する
加速度、ジャイロ、磁気センサ	BMX055	秋月電子通商（113010）	07-05-acc-gyro-mag.py	加速度 [m/s^2]、角速度 [度/s]、磁気 [μT] をそれぞれ3次元分計測する
大気圧、温度センサ	LPS25HB	秋月電子通商（113460）	07-06-pressure-temp.py	気圧 [hPa] と温度を計測する

第 **8** 章

PWMの利用

- 8.1 本章で必要なもの
- 8.2 PWMとは何か
- 8.3 PWM信号によるLEDの明るさ制御
- 8.4 RGBフルカラーLEDの色を変更しよう
- 8.5 PWM信号によるDCモーターの速度制御
- 8.6 PWM信号によるサーボモーターの角度制御

第 8 章　PWM の利用

8.1　本章で必要なもの

「PWM（Pulse Width Modulation、パルス幅変調）」とは、周期的に LOW と HIGH の間を変化するパルス信号のパルスの幅を変化させる信号方式です。電子工作では、LED の明るさ制御、モーターの速度制御、サーボモーターの角度制御などの用途で用いられます。

PWM の代表的な役割を一言で表せば、疑似的なアナログ信号を出力として生成することです。これを理解するためにこれまでの学習内容をふり返りましょう。

まず、4 章では Raspberry Pi に 0/1（LOW/HIGH）の 2 値を出力させました。そして、5 章では 0/1 の 2 値の入力を取り扱い、6 章では AD 変換によりアナログ値を 0～4095 の整数値を経て 0～1 の入力へと変換し、7 章では I2C センサにより温度などのアナログ値をデジタル値に変換して入力としました。

このようにふり返ると、Raspberry Pi への入力としては 0/1 の 2 値とアナログ値との両方を取り扱ってきましたが、出力は 0/1 の 2 値しか取り扱っていないことになります。これに対して、PWM を用いると「疑似的な」アナログ信号を出力できるというわけです。「疑似的」とはどういうことかは 8.2 で学びます。

本章で必要になる物品は表8-1 のとおりです。3 章で用いたパーツと、6 章で用いた AD コンバータ、半固定抵抗を再び用います。330 Ω の抵抗と半固定抵抗をそれぞれ 3 個用います。

表8-1　本章で必要な物品

物品	備考
3 章で用いた物品一式	必須。ジャンパーワイヤはオスーオスとオスーメスの両方を用いる。なお、330 Ω の抵抗は 3 本必要
12 ビット AD コンバータ MCP3208-CI/P	必須。6 章で用いたもの
10k Ω～100k Ω 程度の半固定抵抗	必須。6 章で用いたもので、3 個必要
RGB フルカラー LED	必須。秋月電子通商のパーツセットに含まれている。単品で購入する場合は秋月電子通商の販売コード 102476 など
LED 光拡散キャップ白（5mm）	任意。秋月電子通商のパーツセットに含まれている。RGB フルカラー LED に取り付け、色を見やすくする。単品で購入する場合は秋月電子通商の通販コード 100641 など
DC モーター FA-130RA	必須。秋月電子通商のパーツセットに含まれている。単品で購入する場合は秋月電子通商の販売コード 109169 など
DC モーター用配線	DC モーターに配線が付属していない場合は必須。たとえば秋月電子通商の販売コード 106756 など

8.1 本章で必要なもの

物品	備考
0.01μFのセラミックコンデンサ	必須。DCモーターのノイズ除去のために用いる。秋月電子通商のパーツセットに含まれている。単品で購入する場合は秋月電子通商の販売コード104063など
はんだごて、はんだ、ニッパ	DCモーターに配線を自分で取り付ける場合は必須
DRV8835使用DCモータードライバモジュール	必須。秋月電子通商のパーツセットに含まれている。単品で購入する場合は秋月電子通商の販売コード109848
電池ボックス単3×3本タイプ	必須。秋月電子通商のパーツセットに含まれている。単品で購入する場合は秋月電子通商の販売コード112240など
サーボモーター	必須。秋月電子通商のパーツセットに含まれている。単品で購入する場合は秋月電子通商の販売コード108761など

　RGBフルカラーLEDとは図8-1 (A) のように4本の端子を持つLEDです。のちに学ぶように、赤、緑、青のLEDが内蔵されており、これらの色を組み合わせて任意の色で発光できます。RGBフルカラーLEDとして秋月電子通商の販売コード102476を購入した場合、その発光部に「光拡散キャップ」と呼ばれるものをかぶせると、光が拡散され、よりきれいな色を見ることができますので、装着することを推奨します。なお、秋月電子通商のパーツセットにはRGBフルカラーLEDと光拡散キャップの両方が含まれています。

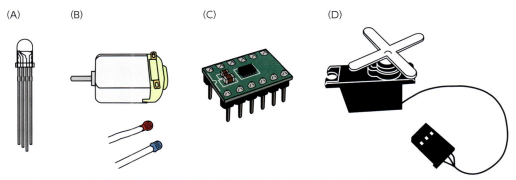

図8-1　本章で用いる (A) RGBフルカラーLED、(B) DCモーターとセラミックコンデンサ、(C) DRV8835使用DCモータードライバモジュール、(D) サーボモーター

　DCモーターは、図8-1 (B) のようなモーターです。車の模型などでよく用いられるため、小学生の頃に使ったことがある方は多いかもしれません。購入した際に配線されていないことがありますので、その場合は、はんだごてを使って10cm程度の配線をはんだづけします。配線の「より線」をしっかりとねじることでブレッドボードにさし込めるようになります。

　なお、図8-1 (B) にはDCモーターで発生するノイズを除去するために用いられるセラミックコンデンサも2種記しました。茶色や水色のものがあります。ここでは0.01μF（マイクロファラッド）（=10nF（ナノファラッド））のものを1つ用います。表面に「103」と書かれています

第8章　PWMの利用

が、これは10×10^3＝10,000pF（ピコファラッド）＝10nFを意味します。

　Raspberry Piやマイコンなどを使ってDCモーターを制御する場合、ノイズ対策のコンデンサを図8-2のように2つの端子の橋渡しをするようにはんだづけし、DCモーターで発生したノイズがマイコンなどに影響を与えることを抑えます。

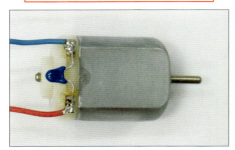

図8-2　DCモーターにノイズ除去用のコンデンサを取り付けた様子

　モータードライバは、**図8-1（C）**に示されているDRV8835使用DCモータードライバモジュールを用います。これはDCモーターの回転する方向を変えたり、回転速度を制御するために用います。秋月電子通商で購入できるこのDCモータードライバモジュールははんだづけにより**図8-1（C）**のように組み立てるキットとなっております。7章の**図7-2**（125ページ）の注意に従って組み立てましょう。なお、はんだづけ時にパーツを固定するのが難しいという場合、ブレッドボードにさしたままはんだづけをしても構いません。ただしその場合、長い時間ピンと基板を熱し過ぎるとブレッドボードが溶けてきますので手早く作業する必要があります。

　モータードライバへ電圧を与えるために単3電池3本用の電池ボックスも用います。

　サーボモーターは、**図8-1（D）**のようなモーターであり、回転する角度を指定して制御することができます。主な用途としてはラジコンの前輪の向きの変更や、ホビー用人型ロボットの手足の関節に用いられています。

　なお、サーボモーターとしてはSG90という商品が安価で人気がありますが、その分壊れやすいともいわれますので、購入する場合は複数個での購入をおすすめします。壊れやすいが安価な商品を学習用に使い倒す、くらいの気持ちで利用するのがよいと個人的には思います。

8.2 PWMとは何か

すでに述べたようにPWMとは信号の変調方式のことです。本書では、この方式で生成された信号のことを「PWM信号」と呼ぶことにします。それではPWM信号とはどのような信号か解説していきましょう。

PWM信号の波形の模式図を**図8-3**に示しました。すべて横軸が時間で縦軸が電圧です。典型的には、LOWとHIGHが周期的に繰り返されていることがわかります。

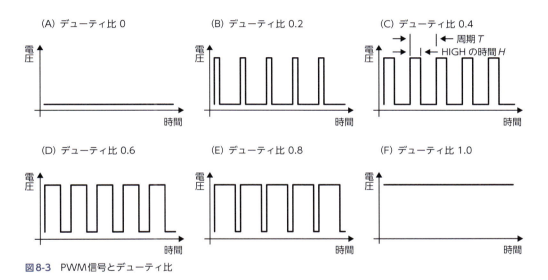

図8-3 PWM信号とデューティ比

HIGHの部分のことを「パルス」と呼び、**図8-3(C)** に示したように、パルスとパルスの間隔のことを「周期」と呼びます。また、パルス1つの幅Hと周期Tの比を「デューティ比」と呼びます。式で書くと「デューティ比$=H\div T$」となります。なお、この数値に100をかけ、百分率としてパーセントを付けてデューティ比を表示することもあります。本書で用いているgpiozeroでは、デューティ比を、百分率ではなく0〜1の数値として取り扱いますので、本書の解説もそれに合わせます。

デューティ比0は常にLOWの信号で、デューティ比が大きくなるほど信号のうちHIGHの時間が長くなり、デューティ比1.0でHIGHの信号と一致します。これがPWM信号です。

8.2.1 疑似アナログ出力としてのPWM信号

このようなPWM信号の代表的な用途が、「疑似的なアナログ信号として用いる」ということです。たとえば、**図8-3**のような信号をLEDに加えると何が起こるか、考えてみましょう。

PWM信号の周期が十分遅い場合、たとえば周期1秒のとき、LEDは1秒周期で点滅します。これは4章で学んだ内容そのものです。この周期が1秒よりもずっと速い場合、たとえばのちに試すように周期が0.01秒（10ms）の場合はどうなるでしょうか。この場合、LEDは1秒間に100回点滅しますが、人間の目はこの速さの点滅を認識することができません。

なお、この100は周期の逆数（1/0.01）で計算され、これを「周波数（単位はヘルツ（Hz））」と呼びます。すなわち「周波数（Hz）＝1÷周期（s）」となります。

さて、この周期（または周波数）を保ったまま、**図8-3**のようにデューティ比を変化させると、デューティ比が小さいときはLEDが暗く点灯しているように、デューティ比が大きいときはLEDが明るく点灯しているように見えます。LEDにはLOWとHIGHのデジタルな信号しか与えていないにもかかわらず、あたかも電圧の大きさを変えたかのように、LEDの明るさが変化するのです。これがPWM信号を「疑似的な」アナログ信号として用いるということの意味です。

これと同様の使い方として、DCモーターの速度制御が挙げられます。DCモーターは、与える電圧が大きいほど速く回転する性質があります。乾電池1本で回転させるより、乾電池2本を直列にして電圧を与えるほうが速く回転するわけです。

それと同様のことを**図8-3**のPWM信号を用いることで実現できます。DCモーターに対して与える電源をHIGHからLOWに切り替えても、慣性によりDCモーターがすぐに停止するということはありませんので、PWM信号を与えた場合、デューティ比が小さければDCモーターは遅く、デューティ比が大きければDCモーターは速く回転します。

8.2.2 PWM信号のサーボモーターへの適用

PWM信号のもう1つの使い方は、サーボモーターの制御です。**図8-4**にその模式図を示しました。

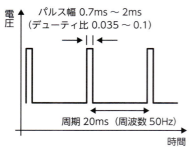 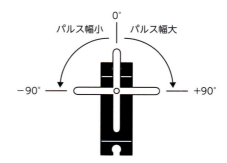

図8-4 PWM信号とサーボモーター

サーボモーターとは、図にあるように、0°の基準点を中心に、左右におよそ90°ずつ回転できるモーターです。モーターの仕様によって、この移動できる角度範囲は異なります。DCモーターは電圧を与えると回転し続けますが、サーボモーターはたとえば「＋40°の位置に移動」という指令を与えることで、モーターがその位置まで回転して静止します。

このとき、与える角度の指定にPWM信号を用います。ただし、狭い範囲のデューティ比の信号のみを使用します。図8-4にあるように、典型的なサーボモーターは周期20ms（周波数50Hz）、パルス幅0.7ms～2msの信号を用います。この場合、最もパルス幅の短い0.7msがマイナス方向の最大角を、最もパルス幅の長い2msがプラス方向の最大角を表します。

そのため、基準となる0°は0.7msと2msの平均値である1.35msとなります。なお、このパルス幅の範囲「0.7ms～2ms」はサーボモーターの種類によって微妙に異なり（たとえば0.7ms～2.3msなど）、サーボモーターに応じてプログラム上で微調整することになります。

なお、秋月電子通商のパーツセットに含まれているサーボモーターのように、パルス幅とモーターの左右の回転の向きの対応が逆になっているものもあります。実際に演習を行う節では、どちらの場合も取り扱えるよう解説します。

8.2.1で解説した疑似的なアナログ出力では、HIGHの区間が長いほど電圧が与えられる時間が長いため、LEDが明るく光ったり、DCモーターが速く回転するのでした。しかし、ここで解説したサーボモーターの制御の場合は、PWM信号の使われ方がまったく異なります。ここではパルスの幅とサーボモーターの角度の対応が仕様（ルール）に基づいて決まっており、その仕様に基づいてパルスの幅を決める必要があるということです。

8.2.3 Raspberry PiでPWM信号を用いる際の注意

PWM信号に必要な精度

さて、PWM信号を用いる例として「疑似的なアナログ出力」と、「サーボモーターの角度制御」の2つを学びました。

どちらを用いるにせよ、信号をミリ秒（1秒の1,000分の1）よりも細かい精度でLOWとHIGHを頻繁に切り替えることが求められます。そのため、Arduinoなどの一般的なマイコンでは、このPWM信号を生成するための専用ハードウェアが組み込まれています。Arduinoで人気の高いArduino Unoではそのような精度の高いPWM信号を6つ出力できます。

このように、ハードウェアで出力した精度の高いPWM信号をハードウェアPWM信号といいます。

Raspberry PiでのPWM信号生成の実際

しかし、Raspberry Piではそのような精度の高いハードウェアPWM信号は2つしか出力できません。10ページの表1-2で示したように、これはRaspberry Piの欠点の1つです。実用上、PWM信号が2つしか使えないというのは不便なことが多いのです。

たとえば、本章でも用いるRGBフルカラーLEDでは、赤と緑と青のLEDの明るさをそれぞれ個別に変更するため、3つのPWM信号が必要になります。

そのため、Raspberry PiではPWM信号を精度の低い方法で複数出力する仕組みが用意されています。この方法では、専用のハードウェアではなく、Raspberry Piで動作するソフトウェアでPWM信号を生成します。これをソフトウェアPWM信号といいます。ソフトウェアPWM信号は、通常のさまざまな処理の影響を受けます。たとえば、マウスのポインタの位置を動かしたり、ブラウザでインターネット上の動画を見る処理などです。そのため、ソフトウェアPWM信号生成時に負荷の高い処理を行うと、信号の精度が落ちるという問題が現れます。

精度の低いソフトウェアPWM信号の波形

そのことを示したのが**図8-5**です。この図は、Pi 5にて周期10ms（100Hz）、デューティ比50%のPWM信号を精度の低い方法で生成し、ブラウザでインターネット上の動画を見たときのPWM信号の波形です。オシロスコープと呼ばれる機器でデータを取得し、グラフ化しています。

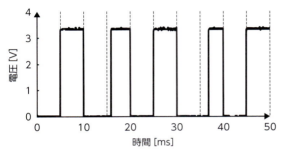

図8-5　精度の低いソフトウェアPWM信号の波形

グラフから読み取れるように、PWM信号のパルス幅が変動していることがわかります。つまり、負荷の高い処理を行わせたことにより、PWM信号の生成の精度が落ちているわけです。もちろん、負荷の高い処理を行わせなければ**図8-5**ほど信号が乱れることはあまりありませんが、精度の低いソフトウェアPWM信号にはこのような問題があることは頭にとどめておくべきです。

精度の低いPWM信号と精度の高いPWM信号の使いどころ

まとめると、Raspberry Piでは精度の低いソフトウェアPWM信号は複数個出力でき、精度の高いハードウェアPWM信号は2つしか生成できません。それでは、これらをどのように使い分ければよいか考えてみましょう。

PWM信号を用いる例として2つ紹介しました。そのうちの「疑似的なアナログ信号として用いる」というケースは、LEDの明るさ制御や、DCモーターの速度制御に用いることができるのでした。LEDの明るさ制御は、LEDを素早く点滅しても人間の目はそれを認識できないことを利用しており、DCモーターの速度制御は、信号のHIGH、LOWを素早く切り替えても慣性によりDCモーターはすぐには止まらないことを利用しています。すなわち、どちらもPWM信号の時間的な平均が、LEDやDCモーターに対して意味を持つのです。そのため、少し信号の精度が低くても影響は小さいといえます。

一方、PWM信号を「サーボモーターの角度制御に用いる」ケースは、PWM信号のパルス幅が直接サーボモーターの角度に対応します。そのため、**図8-5**のように精度の低いソフトウェアPWM信号をサーボモーターに与えてしまうと、モーターの角度がずれたり、小刻みにプルプルと震えるなどの問題が起こります。

以上から、本書では、LEDやDCモーターのように「PWM信号を疑似的なアナログ信号として用いる」場合は精度の低いソフトウェアPWM信号、「サーボモーターの角度制御に用いる」場合は精度の高いハードウェアPWM信号、のように使い分けることにします。

第 8 章　PWM の利用

8.3　PWM信号によるLEDの明るさ制御

動作確認

　PWM信号の最も簡単な利用例として、LEDの明るさ制御を行ってみましょう。**図8-3**のようなPWM信号をLEDへ加えます。

　デューティ比の変更のため、ここでは6章で学んだADコンバータと半固定抵抗を用います。半固定抵抗のつまみを調整することで、LEDの明るさが変化することを目指しましょう。

　なお、LEDの明るさを変更する場合、LEDが点滅したり、ちらついて見えるのを防ぐ意味で、PWM信号の周波数として最低50Hz以上は必要です。この節では精度の低い方法でPWM信号を生成しますが、あまり大きな周波数を用いると、デューティ比を細かく調整することが難しくなります。ここでは、gpiozeroでPWM信号をLEDに適用するときのデフォルト周波数である、100Hzを用いることにしましょう。

　作成する回路を**図8-6**に示しました。6章で学んだ半固定抵抗とADコンバータからなる回路と、4章で学んだLEDの点滅回路がブレッドボード上に実現されています。

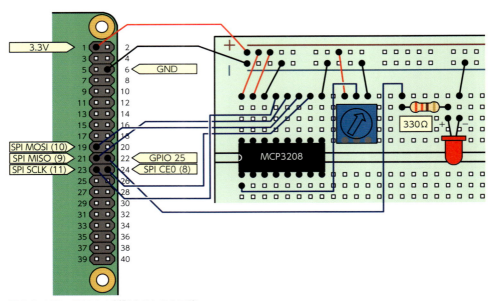

図8-6　LEDの明るさを制御するための回路

　実行すべきプログラムが、**プログラム8-1**です。

8.3 PWM信号によるLEDの明るさ制御

プログラム8-1 LEDにPWM信号を与えるプログラム

```
1   from gpiozero import MCP3208, PWMLED
2   from time import sleep
3
4   adc0 = MCP3208(0)
5   led = PWMLED(25)
6
7   try:
8       while True:
9           inputVal0 = adc0.value
10          led.value = inputVal0
11          sleep(0.2)
12
13  except KeyboardInterrupt:
14      pass
15
16  adc0.close()
17  led.close()
```

　このプログラムが記述されたサンプルファイル **08-01-led.py** を、Thonnyで開いて実行してみましょう。半固定抵抗のつまみを左に回すとデューティ比がおよそ0まで小さくなり、右に回すと1.0まで大きくなりますので、それに連動してLEDの明るさが変化します。これが逆向きの場合、**6.3.3**で述べたように半固定抵抗の両端の3.3VピンとGNDへの接続を逆にしましょう。

PWM信号生成の方法

　それでは、PWM信号がプログラム中でどのように実現されているかを解説しましょう。なお、ここで用いるPWM信号は**8.2**で述べたように精度の低い方法で生成したものです。

　まず、PWM信号を生成するまでのプログラムは次のとおりです。

```
from gpiozero import MCP3208, PWMLED
  (中略)
led = PWMLED(25)
```

　まず、import文で、PWM信号をLEDに適用するための機能PWMLEDを利用可能にしています。そして、GPIO 25に対してPWMLEDを適用し、変数ledで利用可能にしています。

　ここではPWMLEDに対してGPIOの番号である25しか指定していませんので、それ以外はデフォルトでの動作となり、デューティ比は0、周波数は100Hzです。なお、デューティ比や周波数を初期化処理時に指定したい場合は「led = PWMLED(25, initial_value=0.5, frequency=200)」などとします（デューティ比0.5、周波数200Hzの場合）。

155

第 **8** 章　PWM の利用

デューティ比の変更方法

　次に、半固定抵抗から読み取った値に応じてデューティ比を変更する部分を見てみましょう。それが、プログラムのメイン部にある次の2行です。

```
inputVal0 = adc0.value
led.value = inputVal0
```

　「inputVal0」にはADコンバータから読み取った0~1の数値が格納されています。それをデューティ比とみなし、ledのvalueプロパティに「led.value = inputVal0」のように指定することで、デューティ比が設定されます。

PWM信号の停止

　プログラム終了時にいつもどおり「led.close()」のようにledをcloseしています。それにより、PWM信号が停止されます。

ソフトウェアPWM信号とハードウェアPWM信号

　以上で、ソフトウェアPWM信号を生成する方法がわかりました。

　このように、gpiozeroでPWM信号を生成する際、指定しない限りソフトウェアPWM信号となります。

　gpiozeroでハードウェアPWM信号を出力する記述方法もありますが、執筆時点では、gpiozeroはPi 5でハードウェアPWM信号を出力できません。そのため、**8.6**でハードウェアPWM信号を出力するときは、gpiozeroを用いない方法をとります。

156

8.4 RGBフルカラーLEDの色を変更しよう

RGBフルカラーLEDとは何か

LEDの明るさ制御の手法を身につけると、RGBフルカラーLEDの色を自由に変更できます。すでに述べたようにRGBフルカラーLEDは図8-1 (A) のように4本の端子があるLEDです。この内部構造は図8-7のようになっており、共通の端子を持ったLEDが3つ含まれています。

なお、共通の端子がカソードのもの（図8-7 (A)、カソードコモン）とアノードのもの（図8-7 (B)、アノードコモン）の2種類がありますので、入手したショップの仕様書でどちらか調べてください。秋月電子通商のパーツセットに含まれているものは共通カソードです。お使いのRGBフルカラーLEDがどちらかよく確認しましょう。

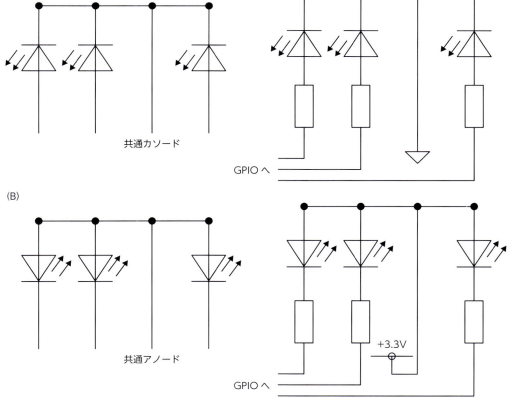

図8-7 RGBフルカラーLEDの構造。(A) 共通カソードの場合、(B) 共通アノードの場合

第8章　PWMの利用

　ここからは共通カソードのものをベースに解説し、必要に応じて共通アノードについての補足を加えます。

　3つ含まれるLEDはそれぞれ、赤色、緑色、青色です。これらは光の三原色をなしますので、これらのLEDの明るさをそれぞれ制御することで、色を変更することができます。

　なお、RGBフルカラーLEDのどの端子がこれらのどの色に対応するかはパーツによって異なりますので、やはりショップの仕様書で調べてください。秋月電子通商のパーツセットに含まれているものでは、図8-1(A)の左から順に緑、青、共通カソード、赤です。

RGBフルカラーLEDを点灯させるための回路

　RGBフルカラーLEDの色を変更するための回路は、図8-7の右側に記されています。図のように電流制限用の抵抗が3つ必要になります。

　共通カソードの場合、図8-7(A)のようにカソード端子をGNDに接続しますので、GPIOがHIGHのときに点灯します。共通アノードの場合は図8-7(B)のようにアノード端子を3.3Vピンに接続しますので、GPIOがLOWのときに点灯します。

　以上を踏まえて回路をブレッドボード上に構成したのが、図8-8です。理論的には、これまでの知識ですべて理解できる回路です。ただし、3つのLEDの明るさ調整用の半固定抵抗が3つ必要になり、少しパーツが多く面倒ですので、注意して作成しましょう。

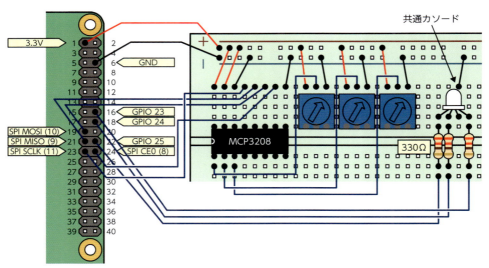

図8-8　RGBフルカラーLEDの色を変更するための回路

　なお、すでに説明したように、共通アノードのRGBフルカラーLEDを用いる場合は図8-9のように共通端子を3.3Vピンに接続する必要がありますので注意しましょう。

158

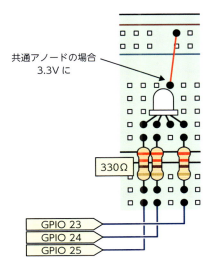

図 8-9　共通アノードの RGB フルカラー LED を用いる際の変更点

RGB フルカラー LED を点灯させるためのプログラム

回路が完成したら、プログラムが記述されたサンプルファイル **08-02-rgbled.py** を、Thonny で開いて実行してみましょう。

3つの半固定抵抗が赤、緑、青のどれかの LED の明るさに対応します。すべて左に回すと LED は消え、どれか1つのつまみだけ右いっぱいに回すと、その色の LED が明るく点灯します。つまみと色の対応は RGB フルカラー LED の種類に依存します。すべてのつまみを右に回すと赤、緑、青がすべて点灯し、全体としては白色に点灯します。

なお、**8.1** で述べたように、RGB フルカラー LED として秋月電子通商の販売コード 102476 を購入した場合、その発光部に光拡散用キャップを取り付けると、色がよりはっきりと見えますのでおすすめします。

このサンプルファイルの内容を**プログラム 8-2** として掲載します。

プログラム 8-2　RGB フルカラー LED の色を変更するプログラム

```
1   from gpiozero import MCP3208, PWMLED
2   from time import sleep
3
4   adc0 = MCP3208(0)
5   adc1 = MCP3208(1)
6   adc2 = MCP3208(2)
7   led0 = PWMLED(25)
8   led1 = PWMLED(24)
9   led2 = PWMLED(23)
10
```

第 **8** 章　PWM の利用

```
11  try:
12      while True:
13          inputVal0 = adc0.value
14          inputVal1 = adc1.value
15          inputVal2 = adc2.value
16          # 共通アノードの場合、以下の3行を有効に
17          #inputVal0 = 1 - inputVal0
18          #inputVal1 = 1 - inputVal1
19          #inputVal2 = 1 - inputVal2
20          led0.value = inputVal0
21          led1.value = inputVal1
22          led2.value = inputVal2
23          sleep(0.2)
24
25  except KeyboardInterrupt:
26      pass
27
28  adc0.close()
29  adc1.close()
30  adc2.close()
31  led0.close()
32  led1.close()
33  led2.close()
```

　　プログラム 8-1 と比べると、明るさを制御する LED についての記述が 3 つになっただけの違い
です。半固定抵抗が 3 つあるので、その値をそれぞれ inputVal0、inputVal1、inputVal2 として
取り込み、GPIO 25、24、23 に対応する LED である、led0、led1、led2 のデューティ比として
それぞれセットしています。

　なお、このプログラムは共通カソード用となっており、「inputVal0 が 0（つまみが左）のとき
にデューティ比が 0 となって消灯」という動作が実現されます。共通アノードの RGB フルカラー
LED を用いている場合は、「#　**共通アノードの場合、以下の 3 行を有効に**」の下の 3 行の先頭の
「#」を削除して「inputVal0 = 1 - inputVal0」などの命令を有効にしてください。そうしない
と、つまみを右に回したときに消灯する回路になります。

8.5 PWM信号によるDCモーターの速度制御

DCモーターを回路で制御する際の注意

8.3や8.4の考え方を使うとDCモーターの速度を調整することができます。ただし、DCモーターを使う際には特有の注意がいくつかありますので、それらを順に解説します。

まず、DCモーターに与えるPWM信号の周波数についてです。今回用いるようなホビー用のDCモーターでは、100Hz～1kHz程度の周波数のPWM信号を与えることが多いようです。LEDのときと同様、gpiozeroのデフォルト周波数である100Hzを用いることにしましょう。

また、DCモーターを動かすには大きな電流が必要になります。そのため、DCモーターを直接GPIOに接続してはいけません。4.2で学んだように、GPIOには流せる電流に制限があり、GPIOに大きな電流を流さないようにしなければならないからです。

さらに、用途によってはDCモーターの回転の向きを変えたい場合が多くあります。たとえば、DCモーターを車の模型のタイヤの回転に用いる場合、車の前進・後退を切り替えるには、モーターの回転の向きを変えなければなりません。

このように、「GPIOにDCモーターを直接接続せず制御したい」、「DCモーターの向きを制御したい」という目的を両立するためには、「モータードライバ」を用いると便利です。本書ではモータードライバとしてDRV8835使用DCモータードライバモジュールを用います。

DRV8835使用DCモータードライバモジュールの使用法

DRV8835使用DCモータードライバモジュールには2つのDCモーターを接続して使用することができます。以後これらをモーターA、モーターBと呼ぶことにします。モーターAは図8-10の「AOUT1」、「AOUT2」に接続し、「AIN1」、「AIN2」への入力で制御します。一方、モーターBには同様に「BOUT1」、「BOUT2」、「BIN1」、「BIN2」を用います。以後、モーターAを例に使用法を解説します。

第8章　PWMの利用

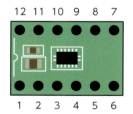

1	モーター用電源（0〜11V）
2、3	モーターA 出力（AOUT1、AOUT2）
4、5	モーターB 出力（BOUT1、BOUT2）
6	GND（Rapsberry Piと共通に）
7、8	モーターB 制御信号（BIN2、BIN1）
9、10	モーターA 制御信号（AIN2、AIN1）
11	モード設定（本書ではGNDに）
12	ロジック電源（Raspberry Piの3.3Vに）

AIN1 AIN2 およびBIN1 BIN2	モーター動作
0　　0	ストップ
1　　0	正転
0　　1	反転
1　　1	ブレーキ

AIN1 AIN2 およびBIN1 BIN2	モーター動作
0　　0	ストップ
PWM　0	正転（速度可変）
0　PWM	反転（速度可変）
1　　1	ブレーキ

図8-10　DRV8835使用DCモータードライバモジュール

　図8-10の左下の表に示されているように、「AIN1」と「AIN2」へRaspberry Piから1（HIGH）か0（LOW）かを入力することで、モーターAを回転させたり静止させたりすることができます。入力の組み合わせにより、回転方向を切り替えられることにも着目してください。

　さらにこのとき、図8-10の右下の表のように、1を入力する部分をPWM信号に変更することで、モーターの回転速度を変更できます。これが本節の目的です。

　モータードライバの動作がわかったところで、モータードライバの残りのピンについても簡単に解説しておきましょう。

　まず重要なピンは、ピン1のモーター用電源です。モーターには100mA以上の大きな電流が流れるため、Raspberry Piから電源をとるとRaspberry Piが不安定になることがあります。そのため、Raspberry Piとは別の電源、たとえば乾電池を用意し、このピン1に接続し、DCモーターへの電源とするのが安全です。

　ピン6はモータードライバのGNDです。このGNDを乾電池の−極だけではなくRaspberry PiのGNDにも接続し、両者を共通にします。GNDというのは電位を測る基準になるのでしたから、基準を共通にするのです。

　ピン12のロジック電源はこのモータードライバへの電源で、本書ではRaspberry Piの3.3Vピンへ接続します。

DCモーターのノイズ対策

ここで扱うDCモーターは「ブラシ付きDCモーター」と呼ばれるものです。これが動作すると大きなノイズが発生し、マイコンなどで制御するときにこのノイズによりマイコンが誤動作してしまうことがあります。その対策として、図8-2のようにモーターの端子にコンデンサを追加します。

また、すでに述べたように、モーター用の電源をマイコンなど（ここではRaspberry Pi）の電源とは別に、乾電池として用意することもノイズ対策になります。

しかし、本章を読み進めるとわかるように、それでも完全にDCモーターで発生するノイズの影響を抑えることはできません。さらなるノイズ対策としては、DCモーターへ取り付けるコンデンサの数を増やすという方法があります。しかしその方法は、少しはんだ付けが難しくなりますので、本節の最後に参考として紹介するにとどめ、ここでは回路とプログラムの工夫によりノイズの影響を抑えることにします。

DCモーターの速度を制御するための回路

以上を踏まえ、作成する回路は図8-11です。

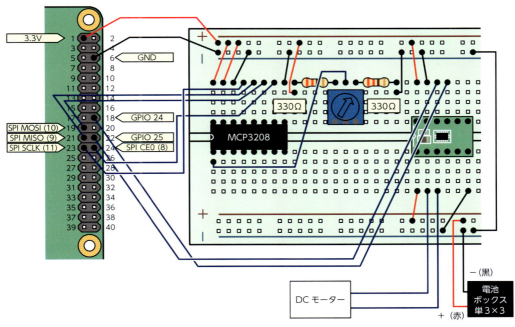

図8-11 DCモーターの速度制御用回路

ADコンバータと半固定抵抗の部分はLEDの回路とほぼ同じですが、今回は半固定抵抗を挟むように330Ωの抵抗を2つ加えました。これにより、ADコンバータの読みは0〜1ではなくおよ

第 8 章 PWM の利用

そ0.03〜0.97程度となります。DCモーターを回転させると、発生するノイズによりADコンバータから0や1(すなわち0や4095)という値がランダムに読まれることがありますが、それらをノイズとして無視するためにこの抵抗を加えました。

さて、この回路に対してこのあと紹介するプログラムを実行すると、半固定抵抗のつまみを中央に合わせることでDCモーターが静止し、つまみを左に回すことでモーターが一方向に回転し、さらに速度も変化します。つまみを右に回すことで、モーターが反対方向に回転します。

ブレッドボードの右側には、モータードライバとDCモーターを配置しています。ブレッドボード上部の「＋」、「−」のラインには、Raspberry Piからの3.3VとGNDが接続されており、ブレッドボード下部の「＋」、「−」のラインには乾電池3本（1.5V×3＝4.5V）が接続されていることに着目しましょう。このように、DCモーターのための回路を用いる際はDCモーター用の電源をRaspberry Piとは別に用意するのが安全なのでした。

さらに、すでに述べたようにRaspberry Piと乾電池のGNDをジャンパーワイヤで結んで共通にすることに忘れないようにしましょう。

DCモーターの速度を制御するためのプログラム

接続したら、プログラムが記述されたサンプルファイル **08-03-dcmotor.py** を、Thonnyで開いて実行してみましょう。つまみを回すことで、モーターの回転方向や回転速度を制御できるはずです。なお、このプログラムを終了するときは必ずキーボードショートカットのCtrl-Cを用いてください。Thonnyの「Stop」ボタンで終了すると、デューティ比が1の信号が出力され、モーターが停止しなくなることがあるためです。

このサンプルファイルの内容を表示したのが次の**プログラム8-3**です。以降で解説していきましょう。

プログラム8-3　DC モーターの速度制御を行うプログラム

```
1   from gpiozero import MCP3208, PWMOutputDevice
2   from time import sleep
3
4   adc0 = MCP3208(0)
5   out0 = PWMOutputDevice(25)
6   out1 = PWMOutputDevice(24)
7
8   try:
9       while True:
10          inputVal0 = adc0.value
11          if inputVal0 > 0.025 and inputVal0 < 0.5:
12              out1.value = 0
13              out0.value = (0.5 - inputVal0) * 0.7 / 0.5
14          elif inputVal0 >= 0.5 and inputVal0 < 0.975:
15              out0.value = 0
16              out1.value = (inputVal0 - 0.5) * 0.7 / 0.5
```

164

```
17          sleep(0.2)
18
19  except KeyboardInterrupt:
20      pass
21
22  adc0.close()
23  out0.close()
24  out1.close()
```

まず、**図8-10**の右下の表を実現するために、AIN1、AIN2としてGPIO 25およびGPIO 24を用います。これらのピンにPWM信号を生成させるのですが、そのためにimport文でPWMOutputDeviceという機能を呼び出しています。

```
from gpiozero import MCP3208, PWMOutputDevice
 (中略)
out0 = PWMOutputDevice(25)
out1 = PWMOutputDevice(24)
```

今回接続するのはLEDではなくDCモーターなので、PWMLEDではなくPWMOutputDeviceを呼び出していますが、使い方は同じです。どちらもデフォルトでの初期化となっていますので、周波数100Hz、デューティ比0のPWM信号が生成されます。out0がAIN1へのPWM信号に対応し、out1がAIN2へのPWM信号に対応します。

デューティ比の計算方法

あとは、つまみの状態に応じてどのようなデューティ比を与えるかを計算します。大きく見ると、次のif文により計算を2つに分岐させています。

```
if inputVal0 > 0.025 and inputVal0 < 0.5:
    (inputVal0が0.025〜0.5の場合の処理)
elif inputVal0 >= 0.5 and inputVal0 < 0.975:
    (inputVal0が0.5〜0.975の場合の処理)
```

1つ目の条件は「inputVal0が0.025〜0.5」の場合で、これは半固定抵抗が左半分に位置するときです。先ほど触れたように、0.025以下の小さな値が読まれたら、それはノイズによる値と考えて利用しないようにしています。

2つ目の条件を表す「elif」は初めて解説しますが、これは「上の条件を満たさず、次の条件

第**8**章 PWMの利用

を満たす場合」の意味です。これは「inputVal0が0.5から0.975」の場合で、半固定抵抗が右半分に位置するときです。0.975以上の大きな値もノイズと考えて利用しないようにしています。

さて、次に計算の中身を見ていきましょう。「inputVal0が0.025〜0.5」のときは、「AIN1であるout0がPWM、AIN2であるout1が0」となるようにします。

`out1.value = 0`

out1を0とするため、この記述でout1のデューティ比を0とします。

out0をPWM信号とするためには、適切なデューティ比を決定する必要があります。ここでは次の式で計算しています。

`out0.value = (0.5 - inputVal0) * 0.7 / 0.5`

「inputVal0が0.5のときデューティ比は0」に、「inputVal0が0のときデューティ比は0.7」となるような式となっています（実際にはinputVal0を0.025より大きいとしたのでちょうど0.7にはなりません）。これはつまり、つまみを左に回すほど、DCモーターの回転が速くなることを示します。

なお、デューティ比は1.0まで変化できるのに、最大値をおよそ0.7にしているのは、モーターへ与える電圧が大きくなりすぎないようにするためです。このDCモーターは、通常乾電池2本に相当する3V（1.5V×2）で駆動できます。しかし、一般に3Vの乾電池をモータードライバに与えると、電圧降下が起こり3Vより小さい電圧で駆動され、その結果モーターの回転が遅くなってしまいます。

そのため、ここでは乾電池3本分の4.5Vをモータードライバに与えています。これを1.0のデューティ比で与えるとモーターにとっては大きすぎるため、最大で0.7程度に制限しています。この0.7という数値は筆者が試行錯誤で決めました。

半固定抵抗のつまみを右に回すとinputVal0が0.5を超えるため次の式でデューティ比を計算します。

`out1.value = (inputVal0 - 0.5) * 0.7 / 0.5`

こちらは「inputVal0が0.5でデューティ比が0」となり、「inputVal0が1.0となるとデューティ比は最大値」を取るため、つまみを右に回すほど、左に回したときとは逆方向にDCモーターの速度が大きくなっていきます。

このように、半固定抵抗のつまみでモーターの回転速度を制御する場合は、デューティ比の変換式をうまく作成することがポイントとなります。

【参考】さらなるノイズ対策

半固定抵抗により、DCモーターの回転の向きと速さを制御できました。ここでは、DCモーターで発生するノイズへの対策として「コンデンサ1つの追加」と「モーター用電源を乾電池とする」に加えて、「回路とソフトウェアの工夫によりノイズの影響を抑える」という手法を用いました。この節の例のように、DCモーターを用いながら、GPIOからセンサ等の入力（ここでは

半固定抵抗の電圧）を利用しようとすると、ノイズの影響を受けがちです。

　この影響をさらに抑えるには、**図8-12**のように、0.01μFのコンデンサをさらに2つ追加するのが有効です。**図8-12(B)** のように、モーターの端子とモーターの外装との間にコンデンサをはんだづけし、端子両方でそれぞれ取り付けます。ここまで行うと、「回路とソフトウェアの工夫」はほぼ必要なくなるのですが、これを必須とすると、はんだづけの難易度が上がり、この節に取り組める方が減ってしまうので必須とはしませんでした。DCモーターの制御と、センサなどの入力を同時に利用する電子工作を考える場合、ここまでの対策が必須となることがありますので、注意してください。

(A)　　　　　　　　(B)

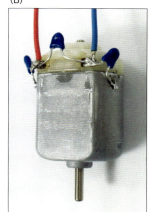

図8-12　DCモーターのさらなるノイズ対策

8.6 PWM信号によるサーボモーターの角度制御

8.6.1 精度の高いハードウェアPWM信号を出力

本章の最後に、精度の高いハードウェアPWM信号でサーボモーターの角度制御を行ってみましょう。ハードウェアPWM信号を生成するために、これまで用いてきたgpiozeroは利用せず、別の手法を用います。執筆時点で、gpiozeroはPi 5でハードウェアPWMを出力できなかったためです（ただし、将来はそれが可能になるかもしれません）。

8.6.2 サーボモーターの角度制御

サーボモーターの角度制御を行う回路

図8-13がサーボモーターの角度制御を行うための回路です。サーボモーターには3つの端子を持つコネクタがあり、多くの場合、赤、黒、白のケーブルで構成されています。

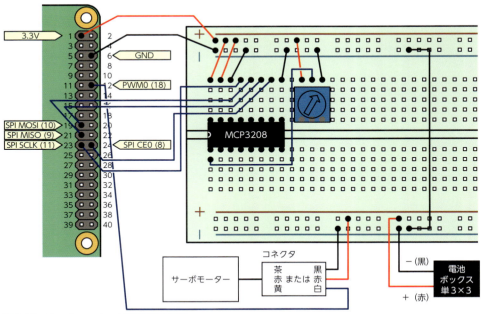

図8-13 サーボモーターの角度制御用回路

通常、赤を電源、黒をGNDに接続し、白にPWM信号を与えます。秋月電子通商のパーツセット付属のものは、赤が電源、茶がGND、黄がPWM信号です。なお、ここで取り扱う精度の高いハードウェアPWM信号は、Pi 1 B+以降で最大2つしか出力できず、それぞれPWM0、PWM1と呼ばれます。さらにその出力先であるGPIOにも制限があります。1つ目のPWM0はGPIO 18か12からのみ出力でき、2つ目のPWM1はGPIO 19か13からのみ出力できます。このことは53ページの**図3-12**でも確認できます。

さらに、DCモーターと同様に、サーボモーターの電源はRaspberry Piの電源とは分けて乾電池を用いるのが安全です。その場合、やはりDCモーターの場合と同様に、GNDはRaspberry Piと乾電池とで共通にします。

半固定抵抗のつまみを回すことでサーボモーターの角度を変化させるプログラムは、**08-04-servo.py**です。

OSでハードウェアPWM信号の出力を有効にする

このプログラムを動かすためには、事前にOSでハードウェアPWM信号の出力を有効にしておかなければなりません。その設定を行いましょう。

ターミナルを起動し、次のコマンドを実行しましょう。テキストエディタで/boot/firmware/config.txtという設定ファイルを管理者権限で開いています。なお、執筆時点でのLegacy OSであるBullseyeでは、このファイルは/boot/config.txtですので注意してください。

```
sudo mousepad /boot/firmware/config.txt
```

このとき、テキストエディタには「警告:あなたはrootアカウントを使用しています。システムに悪影響を与えるかもしれません。」という警告が赤く表示されます。「rootアカウント」とは「管理者権限を持つアカウント」という意味ですので、次の作業は慎重に行いましょう。

さて、マウスでスクロールしてファイルの末尾に移動し、次の1行を追記して、ファイルを保存しましょう。

```
dtoverlay=pwm-2chan
```

保存が終わったら、テキストエディタを閉じ、OSを再起動してください。これで、ハードウェアPWM信号の出力を有効にする設定は完了です。

ハードウェアPWM信号を出力するプログラム

設定が完了したら、**08-04-servo.py**をThonnyで実行しましょう。半固定抵抗のつまみに連動してサーボモーターが動作すれば、この演習の目的は達成です。

プログラムの内容を示すと次のようになります。

第 8 章　PWM の利用

プログラム 8-4　半固定抵抗のつまみでサーボモーターの角度を変化させるプログラム

```python
1   from gpiozero import MCP3208
2   from time import sleep
3   import os
4   import sys
5
6   def pwm_check():
7       global chipid, pwmchip, isPi5, pwmid0, pwmid1
8       if not os.access(pwmchip, os.F_OK):
9           print('If you are using Pi 5, please add \'dtoverlay=pwm-2chan\' in /boot/⏎
    firmware/config.txt.')
10          chipid = 0 # Pi 1-4
11          pwmid0 = 0 # Pi 1-4, GPIO18
12          pwmid1 = 1 # Pi 1-4, GPIO19
13          pwmchip = '/sys/class/pwm/pwmchip{}'.format(chipid)
14          isPi5 = False
15          if not os.access(pwmchip, os.F_OK):
16              print('{},2 do not exist. \'dtoverlay=pwm-2chan\' in /boot/firmware/⏎
    config.txt is required.'.format(pwmchip))
17              sys.exit()
18
19  def pwm_open(pwmid):
20      pwmdir = '{}/pwm{}'.format(pwmchip, pwmid)
21      pwmexp = '{}/export'.format(pwmchip)
22      if not os.path.isdir(pwmdir):
23          with open(pwmexp, 'w') as f:
24              f.write('{}\n'.format(pwmid))
25      sleep(0.3)
26
27  def pwm_freq(pwmid, freq): # Hz
28      pwmdir = '{}/pwm{}'.format(pwmchip, pwmid)
29      pwmperiod = '{}/period'.format(pwmdir)
30      period = int(1000000000/freq)
31      with open(pwmperiod, 'w') as f:
32          f.write('{}\n'.format(period))
33
34  def pwm_duty(pwmid, duty): # ms
35      pwmdir = '{}/pwm{}'.format(pwmchip, pwmid)
36      pwmduty = '{}/duty_cycle'.format(pwmdir)
37      dutyns = int(1000000*duty)
38      with open(pwmduty, 'w') as f:
39          f.write('{}\n'.format(dutyns))
40
41  def pwm_enable(pwmid):
42      pwmdir = '{}/pwm{}'.format(pwmchip, pwmid)
```

8.6 PWM信号によるサーボモーターの角度制御

```python
43      pwmenable = '{}/enable'.format(pwmdir)
44      with open(pwmenable, 'w') as f:
45          f.write('1\n')
46
47  def pwm_disable(pwmid):
48      pwmdir = '{}/pwm{}'.format(pwmchip, pwmid)
49      pwmenable = '{}/enable'.format(pwmdir)
50      with open(pwmenable, 'w') as f:
51          f.write('0\n')
52
53  def servo_duty_hwpwm(val):
54      val_min = 0
55      val_max = 1
56      servo_min = 0.7 # ms
57      servo_max = 2.0 # ms
58      duty = (servo_min-servo_max)*(val-val_min)/(val_max-val_min) + servo_max
59      # サーボモーターを逆向きに回転させたい場合はこちらを有効に
60      #duty = (servo_max-servo_min)*(val-val_min)/(val_max-val_min) + servo_min
61      return duty
62
63  isPi5 = True
64  chipid = 2 # Pi5
65  pwmid0 = 2 # Pi5, GPIO18
66  pwmid1 = 3 # Pi5, GPIO19
67  pwmchip = '/sys/class/pwm/pwmchip{}'.format(chipid)
68
69  pwm_check()
70  pwm_open(pwmid0)
71  pwm_freq(pwmid0, 50) #Hz
72  pwm_duty(pwmid0, 1.35) #ms
73  pwm_enable(pwmid0)
74
75  adc0 = MCP3208(0)
76
77  try:
78      while True:
79          inputVal0 = adc0.value
80          pwm_duty(pwmid0, servo_duty_hwpwm(inputVal0))
81          sleep(0.2)
82
83  except KeyboardInterrupt:
84      pass
85
86  pwm_disable(pwmid0)
87  adc0.close()
```

第8章 PWMの利用

ハードウェアPWM信号を生成する方法の概略

Raspberry Pi 5で精度の高いハードウェアPWM信号を生成する方法は、これまで行ってきたgpiozeroを用いたプログラミング手法とは大きく異なります。その流れを記すと次のようになります。

1. システムファイル"/sys/class/pwm/pwmchip2/export"に「2」または「3」を書き込むと、フォルダ"/sys/class/pwm/pwmchip2/pwm2"または"pwm3"が生成される。それぞれ、PWM0とPWM1に対応する。以下、PWM0に対する設定方法を記す
2. "/sys/class/pwm/pwmchip2/pwm2/period"にPWMの周期をナノ秒の単位で書き込むことで周期を設定できる
3. "/sys/class/pwm/pwmchip2/pwm2/duty_cycle"にPWMのパルス幅をナノ秒の単位で書き込むことでデューティ比を変更できる
4. "/sys/class/pwm/pwmchip2/pwm2/enable"に「1」を書き込むことで、実際にPWM信号が出力される

なお、Pi 4 Bまでの機種では、上の「pwmchip2」、「pwm2」、「pwm3」が「pwmchip0」、「pwm0」、「pwm1」に変わります。

以上の流れを関数としてまとめたのが**プログラム8-4**の冒頭の関数群です。それらの関数の中で、次の5つの変数が使われます。

```
isPi5 = True
chipid = 2 # Pi5
pwmid0 = 2 # Pi5, GPIO18
pwmid1 = 3 # Pi5, GPIO19
pwmchip = '/sys/class/pwm/pwmchip{}'.format(chipid)
```

これらの変数には、Pi 5用の値があらかじめ設定されております。Pi 4 Bまでの機種を用いている場合、これらの変数の値が、関数の中で自動的に書き換えられるので、自分で上記の変数の内容を書き換える必要はありません。

PWM生成までの流れは、次のように関数を順番に呼び出すことで実現されます。

```
pwm_check()
pwm_open(pwmid0)
pwm_freq(pwmid0, 50) #Hz
pwm_duty(pwmid0, 1.35) #ms
pwm_enable(pwmid0)
```

50HzのPWM信号を、パルス幅1.35msで生成しています。pwmid0に対して関数を実行して

172

いるので、PWM信号はGPIO 18から出力されます。pwmid1に対して実行すれば、GPIO 19から出力されます。

半固定抵抗によるデューティ比（パルス幅）の指定

上で見たように、本節で用いている手法では、PWM信号のパルス幅をミリ秒単位で指定することでデューティ比を変更します。

半固定抵抗のつまみから読み取った0～1の数値からパルス幅を計算するために、「servo_duty_hwpwm(val)」という関数を実装しています。

図8-4に記されているように0.7～2.0の範囲のパルス幅に変換します。それに対応するのは次の5行です。

```
val_min = 0
val_max = 1
servo_min = 0.7 # ms
servo_max = 2.0 # ms
duty = (servo_min-servo_max)*(val-val_min)/(val_max-val_min) + servo_max
```

この計算結果を用いて、次のようにパルス幅を指定し、その結果デューティ比を変更しています。

```
pwm_duty(pwmid0, servo_duty_hwpwm(inputVal0))
```

このようにデューティ比を変更することで、半固定抵抗のつまみに対応してサーボモーターの角度を制御することができました。

なお、「servo_duty_hwpwm」の内部で行われているdutyの計算は、秋月電子通商のパーツセットに含まれるサーボモーター用のものです。サーボモーターの種類によっては、次のdutyの計算式を有効にしないと、つまみの向きと回転の向きが逆になることがあります。

```
# サーボモーターを逆向きに回転させたい場合はこちらを有効に
#duty = (servo_max-servo_min)*(val-val_min)/(val_max-val_min) + servo_min
```

以上で精度の高いハードウェアPWM信号でのサーボモーターの角度制御を実現できました。

精度の低いPWM信号でサーボモーターを動かすとどうなるか

それでは、精度の低いPWM信号でサーボモーターを動かすとどうなるでしょうか。それを知るためのプログラムは**08-05-servo-swpwm.py**です。興味のある人は試してみましょう。

回路は**図8-13**のものをベースに、GPIO 18の代わりにGPIO 25（ピン番号では22）を用いま

す。ハードウェアPWM信号を用いた場合に比べ、サーボモーターの角度が小刻みにプルプルと変動することがわかるでしょう。

8.6.3 PWM信号でサーボモーター2個を同時に用いる

8.6.2にてサーボモーター1個を精度の高いハードウェアPWM信号で制御できるようになりました。ハードウェアPWM信号は同時に2つ出力できますので、その方法をここで紹介します。1個の場合とほとんど変わりませんので、手順のみを簡単に解説します。

必要な回路は図8-14です。図8-13と比べると、操作用の半固定抵抗とサーボモーターがそれぞれ1つずつ増えていることがわかります。また、2つのサーボモーターはGPIO 18と19にそれぞれ接続されているのも見て取れるでしょう。

この回路を動かすためのプログラムが**08-06-2servos.py**です。Thonnyで開いて実行しましょう。うまく実行できると、2つの半固定抵抗のつまみに応じて、2つのサーボモーターの角度が変化します。

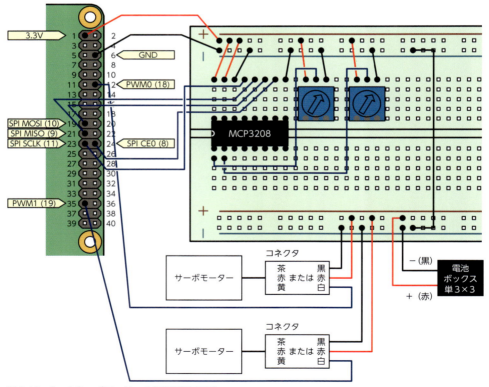

図8-14 　2つのサーボモーターの角度制御用回路

第 9 章

FastAPIを用いたPCやスマートフォンとの連携（要ネットワーク）

- 9.1 本章で必要なもの
- 9.2 FastAPIを用いるための準備
- 9.3 ブラウザのボタンによるLEDの点灯
- 9.4 ブラウザへの温度センサの値の表示
- 9.5 ブラウザのスライダの利用
  〜RGBフルカラーLED
- 9.6 タッチイベントの利用
  〜DCモーターの速度制御
- 9.7 ブラウザによるサーボモーターの制御

第**9**章　FastAPIを用いたPCやスマートフォンとの連携（要ネットワーク）

9.1 本章で必要なもの

　本章では、Raspberry Piを用いた回路と通常のPCやスマートフォンを、FastAPIというライブラリを使って連携させる方法を学びます。

　これにより、Raspberry Piに接続されたLEDやモーターをPCやスマートフォンから制御したり、温度センサが読んだ値をPCやスマートフォンから読み取ったりできるようになります。その際に用いるのはPCやスマートフォン上のブラウザ、すなわち皆さんがインターネット上のウェブサイトを見る際に用いる閲覧ソフトです。そのために、Raspberry Piはウェブサーバーとして動作させます。

　取り扱う回路は、これまでの章で用いたものです。**表9-1**に記されているように、必要な物品として新規のものはありません。

表9-1　本章で必要な物品

物品	備考
3章で用いた物品一式	必須。ジャンパーピンはオス−オスとオス−メスの両方を用いる。なお、330Ωの抵抗は3本必要
ADT7410使用温度センサモジュール	必須。7章で用いたもの
RGBフルカラーLED	必須。8章で用いたもの
LED光拡散キャップ白（5mm）	任意。8章で用いた方のみ使用
DCモーターFA-130RA	必須。8章で用いたもの。配線済みで、ノイズ除去用のコンデンサ1つを取り付けたもの
DRV8835使用DCモータードライバモジュール	必須。8章で用いたもの
電池ボックス 単3×3本タイプ	必須。8章で用いたもの
サーボモーター	必須。8章で用いたもの

　Raspberry Piをウェブサーバーとして機能させるために、本書でこれまで扱わなかったウェブページを作成するための技術が必要です。具体的には、HTML（エイチティーエムエル、Hyper Text Markup Language）、JavaScript（ジャバスクリプト、プログラミング言語の1つ）、CSS（シーエスエス、Cascading Style Sheets、HTMLの要素を修飾するための仕様）などについての知識です。これらを用い、LEDやモーターの制御をPCやスマートフォンのブラウザから行う手法を紹介します。

　ただし、HTMLやJavaScript、CSSについての詳細を解説するのは本書の学習目的の範囲を超えます。そのため本章の解説は、重要な点に絞ったダイジェスト的なものになります。

　演習に用いるウェブページに必要なHTMLやJavaScript、CSSのファイルなどは、一式すべ

て記述が済んだサンプルファイルとして用意されています。ウェブページの作成経験などがなくても、解説の手順どおりに進めていけば、PCまたはスマートフォンとRaspberry Piの連携を体験できるようになっているので、ぜひトライしてみてください。

9.2 FastAPIを用いるための準備

本節では、FastAPIを用いるための準備を行います。まず必要なネットワーク構成を紹介し、その後FastAPIのインストールを行います。それが済んだら本書が用意するサンプルアプリケーションの実行に進みましょう。

9.2.1 本章で必要とするネットワーク構成

本章では、Raspberry Piとネットワークを介してつながっているPCやスマートフォンを連携させます。そのために必要なネットワーク構成を示したのが**図9-1**です。Raspberry PiとPCが、1つのルーターを介してつながった**図9-1**の状況は巻末の**付録A**で実現しました。その環境があれば本章の演習を試すことができます。

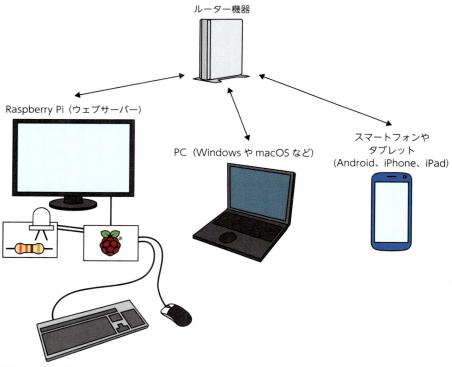

図9-1 本章で前提とするネットワーク構成

本章の演習では、**図9-1**のPCからRaspberry Pi上の回路へアクセスできるようになります。このときRaspberry PiとPCの両方の操作を行うため、これらをなるべく近くに設置するとよいでしょう。

このネットワーク上でさらにスマートフォンを連携させたい場合、やはり同一のルーターにスマートフォンを接続しなければなりません。この接続はWifiに限られます。そのため、使っているルーター機器がWifiに対応していない場合はスマートフォンとの連携は行えません。PCとの連携で演習を実施してください。

また、スマートフォンがルーターにWifi接続されていない状態、すなわち、docomo、au、SoftBankなどのLTE、4G、5Gのネットワークだけに接続した状態でも、やはり本章の演習は行えませんので注意してください。

以上のようなネットワーク構成上で、インターネットに接続するためのブラウザを用いてRaspberry Pi上の回路にアクセスします。そのために用いることのできるブラウザは次のとおりです。

- Windows
  Microsoft Edge/Chrome/Firefox
- macOS
  Safari/Chrome/Firefox
- Androidスマートフォン、Androidタブレット
  Chrome/Firefox
- iPhone/iPad
  Safari/Chrome/Firefox

9.2.2　FastAPIのインストール

Raspberry Piをウェブサーバーにする

図9-1のような構成でPCやスマートフォンのブラウザからRaspberry Piにアクセスするために、Raspberry Piをウェブサーバーにします。ウェブサーバーとは、普段私達がインターネット上のウェブページを見るとき、接続先で情報提供などを行っているコンピュータのことを指します。また、コンピュータ上でその機能を担当しているソフトウェアをウェブサーバーと呼ぶこともあります。

一般的なウェブページは、多くの人が同時に閲覧しても問題なく動作するよう、大規模なソフトウェアと高性能なハードウェアからなるウェブサーバーで実現されています。

一方、**図9-1**の構成で実現しようとしているのは、PCやスマートフォンから回路にアクセスするというシンプルな機能です。Raspberry Piの性能から考えると、あまり大規模なソフトウェアを用いないことが望ましいでしょう。

FastAPIとは何か

そこで本書では、これまで用いてきたPythonにより、簡易的なウェブサーバー用のプログラムを作成するという方針をとります。Pythonのプログラムを書くことで、Raspberry Piをウェブサーバーにすることができるのです。

その際、Pythonの標準機能のみでウェブサーバーを実現することもできるのですが、ライブラリを追加するとそれがより簡単になります。そのような目的で、本書ではFastAPIというライブラリを用います。

FastAPIはPythonを用いてウェブサーバーを構築するためのライブラリです。単体のライブラリというよりは、複数のライブラリをコンポーネントとして提供しているという意味で、ウェブフレームワークと呼ばれることが多いです。ウェブサーバーとブラウザの間の情報のやり取り（本書では回路とブラウザの間の情報の送受信）を記述しやすいというメリットがあり、2018年のリリース以来、人気を集めています。

FastAPI自体には回路を制御する機能は含まれていませんので、4章以降で用いてきたgpiozeroなどによるGPIOへのアクセス機能を組み合わせる、という手法をとります。それにより、GPIOに取り付けられた各種センサで周囲の状況を調べたり、モーターでものを動かしたり、ということをブラウザから行えるようになるのです。

IoTの一端に触れる

本章では**図9-1**のようにRaspberry PiとPCやスマートフォンが近くにあるような状況を想定して演習を行います。理論上はこのPCやスマートフォンは、インターネット接続環境がある場所なら世界中のどこであってもよいことになります。それが本章で行う演習の醍醐味です。

ただし、実際に遠隔地からRaspberry Piのネットワークに接続するには、ネットワークの高度な知識が必要です。さらにセキュリティの問題も関係しますので、本書では**図9-1**のような、同一ネットワーク内のPCやスマートフォンからのアクセスのみを取り扱います。ご了承ください。

なお、センサや電子機器などの「モノ」をインターネットに接続し情報交換する仕組みのことをIoT（Internet of Thing、モノのインターネット）といいます。**図9-1**のように回路やモーターの機能にPCやスマートフォンでアクセスすることは、IoTの最もシンプルな実例といえるでしょう。本章の演習でIoTの一端に触れてみましょう。

FastAPIのインストール

FastAPIは現在のRaspberry Pi OSには含まれていませんので、別途インストールする必要があります。ターミナルを開き、次の2つのコマンドを1つずつ順番に実行しましょう。

```
sudo apt update
sudo apt -y install python3-fastapi
```

1つ目のコマンドでインストール可能なパッケージのリストを更新し、2つ目のコマンドでFastAPIのインストールを行っています。どちらもインターネットを介して行われますので、終了するまでにそれぞれ1分程度の時間がかかることがあります。

2つのコマンドがエラーなく終了したらFastAPIのインストールは完了していますので、本章の演習を実行することができます。ただしその前に、Raspberry PiのIPアドレスを調べる方法を知っておきましょう。

Raspberry PiのIPアドレスを調べよう

本章の演習を実行する際、Raspberry PiのIPアドレスが必要になります。IPアドレスとは、インターネットに接続されたデバイスが必ず持つアドレスのことです。**9.3**以降の演習を行う際、これを用いてPCやスマートフォンからRaspberry Piにアクセスします。

図9-1の構成でRaspberry Piを起動すると、ルーターから自動的にIPアドレスが割り振られています。そのアドレスを知る方法を紹介します。

Raspberry PiのIPアドレスを知るための方法の1つは、**図9-2**のようにRaspberry Piのデスクトップの右上にあるWifiのアイコンの上にマウスを合わせることです。それにより、IPアドレスを含む情報が表示されます。

図9-2 デスクトップ右上にあるWifiのアイコンでのIPアドレスの表示

この図の場合「192.168.1.3」がRaspberry PiのIPアドレスです。これは人により異なりますので、皆さんも自分のIPアドレスをメモしておきましょう。なお、Raspberry Piを有線接続している場合も、同じ位置のアイコンを調べることでIPアドレスを知ることができます。

IPアドレスを調べる2つ目の方法は、ターミナル上で `ifconfig` コマンドを実行することです。実行すると、Raspberry Piのネットワークデバイスに関する情報が表示されます。eth0、lo0、などの項目がある中、Wifi接続に対応したwlan0という項目の冒頭はたとえば次のようになっているでしょう。

```
wlan0: flags=4163<UP,BROADCAST,RUNNING,MULTICAST>  mtu 1500
    inet 192.168.1.3  netmask 255.255.255.0  broadcast 192.168.1.255
```

この中でinetという項目に記されている「192.168.1.3」がRaspberry PiのIPアドレスです。有線接続の場合はeth0という項目を見てください。なお、loという項目の中に「127.0.0.1」と

いうアドレスも表示されていますが、このアドレスではPCやスマートフォンからアクセスできませんので、こちらは用いないでください。

ここで調べたIPアドレスは、ルーターにより自動的に割り当てられたものであるため、Raspberry Piを再起動するたびに変わる可能性があります。その都度自分のIPアドレスをチェックしてメモしましょう。なお、IPアドレスを固定させる方法もありますが、ルーターの設定を変更する必要があり、ネットワークの高い知識が必要になる場合がありますので、本書での解説は割愛します。

なお、IPアドレスを使わずにRaspberry Piにアクセスする方法もありますので、**付録D**で紹介します。

9.3 ブラウザのボタンによるLEDの点灯

　それではここから4つの節で、FastAPIを用いて記述したサンプルプログラムを実行し、ブラウザ経由での回路の制御を体験していきましょう。それぞれの節は独立していますので、好みの内容から取り組んで構いません。ただし、本節は導入的な解説を含みますので、最初に体験することをおすすめします。

　本節で取り上げる題材はLEDの点灯状態をブラウザで制御するというものです。

9.3.1 動作させるための手順

　まず、Raspberry Piを用いて図9-3のようなLEDの点灯回路をあらかじめ作成しておきましょう。これは4.2で用いたものと同じで、GPIO 25がHIGHかLOWかでLEDの点灯状態が変化する回路です。8章までに複雑になってきた回路を見慣れた方には、簡単に見えるのではないでしょうか？

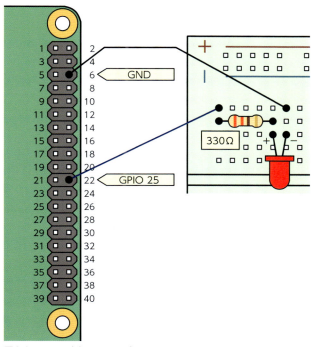

図9-3 LEDを点灯させる回路

第9章　FastAPIを用いたPCやスマートフォンとの連携（要ネットワーク）

　この回路を組んだら、サンプルファイルの存在するgihyoフォルダの中にある、**09-01-led**フォルダ内のapp.pyを実行します。Thonnyでapp.pyを開いて実行してもよいですし、ターミナルで**09-01-led**フォルダに移動してからapp.pyをコマンドで実行しても構いません。その場合、新たに起動したターミナルで実行すべきコマンドは次の2つです。それぞれ、フォルダの移動とプログラムの実行を行うコマンドです。

```
cd gihyo/09-01-led
python3 app.py
```

　なお、これまでの演習は、たとえば「**04-01-led.py**」のように1つのファイルで実現されていました。それに対し、本節のサンプルプログラムは**09-01-led**フォルダに含まれています。その理由は、あとで見るように本節の演習が複数のファイルにより実現されているからです。

　さて、以上の手続きでapp.pyを実行しても、回路には何も変化がありません。実は、このプログラムの実行によりウェブサーバーとしてのプログラムが起動し、ブラウザからのLEDの制御命令を受け付ける状態になったのです。app.pyが実行された状態のまま、次の指示に従いその動作を確認してみましょう。

9.3.2　動作確認

　先ほど実行したapp.pyの動作を確認するために、PCやスマートフォンのブラウザで次のようなアドレスにアクセスしてください。

http://192.168.1.3:8000/9-1

　IPアドレスは皆さんのRaspberry Piに割り当てられたものに読み替えてください。「**:8000**」の部分はポート番号と呼ばれるものを指定しており、この部分は皆さん共通です。「**9-1**」の部分は本節の演習であることを示す番号です。このように、本書では演習の節ごとに異なるアドレスにアクセスするようにしています。

　正しくページが開かれると、**図9-4（A）**のようなページが現れます。このページにアクセスできないときは、「ネットワーク構成が正しいか」、「IPアドレスが正しいか」、「**09-01-led**フォルダにあるapp.pyが実行されたままの状態か」をチェックしてください。

184

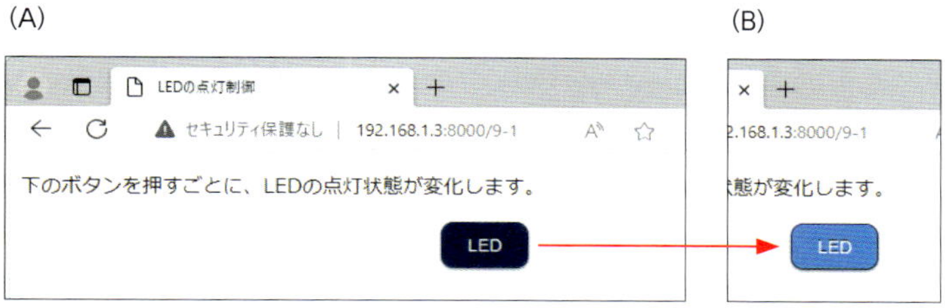

9.3 ブラウザのボタンによる LED の点灯

(A)

(B)

図9-4 ブラウザ上のボタンでLEDの状態を変更するサンプル画面

　図9-4（A）は濃い青色のボタン1つが表示されたシンプルなページ構成です。このボタンを押すと、**図9-4（B）** のようにボタンの色が水色に変化し、Raspberry PiのGPIO 25に接続されたLEDが点灯します。この演習の場合、ボタンを押すことで命令がRaspberry Pi上のapp.pyに伝わり、GPIOの状態を変更しているのです。何度もブラウザ上のボタンをクリックすると、そのたびにLEDの点灯・消灯が切り替わり、それに応じてブラウザのボタンの色も変化するでしょう。

　以上を確認できたら、動作確認は完了です。Raspberry Pi上でapp.pyの実行を終了すれば、ブラウザからの命令を受け付けない状態に戻ります。Thonnyで実行した場合もターミナルで実行した場合も、キーボードショートカットのCtrl-Cでapp.pyを終了できます。

9.3.3　演習で用いるサンプルファイルについての解説

　この演習の動作を実現しているのは、**09-01-led** フォルダにある次の4つのサンプルファイルです。

- Python ファイル：app.py
- HTML ファイル：templates/index.html
- JavaScript ファイル：static/javascript.js
- CSS ファイル：static/styles.css

　なお、「templates/index.html」という表記は、templatesフォルダにあるindex.htmlファイル、という意味を表します。ほかのファイルも同様です。

　Pythonファイルは今までどおりThonnyで閲覧し、その他のファイルはデスクトップ左上のメニューの「アクセサリ」にあるテキストエディタMousepadで閲覧するのがよいでしょう。

　以降では、これらのファイルを簡単に解説していきます。

第**9**章　FastAPIを用いたPCやスマートフォンとの連携（要ネットワーク）

Pythonファイル：app.py

まずは、Raspberry Pi上で実行したapp.pyというPythonプログラムを見てみましょう。コード全体を記すと次のようになります。

```python
1   import uvicorn
2   from fastapi import FastAPI, Request
3   from fastapi.responses import HTMLResponse
4   from fastapi.staticfiles import StaticFiles
5   from fastapi.templating import Jinja2Templates
6   from gpiozero import LED
7
8   app = FastAPI()
9   app.mount(path="/9-1/static", app=StaticFiles(directory="static"), name="static")
10  templates = Jinja2Templates(directory="templates")
11
12  led = LED(25)
13
14  @app.get('/9-1/get/{gpio}')
15  async def get(gpio: int):
16      if gpio == 25:
17          led.toggle()
18      return led.value
19
20  @app.get('/9-1', response_class=HTMLResponse)
21  async def index(request: Request):
22      context = {"request": request}
23      return templates.TemplateResponse("index.html", context)
24
25  try:
26      uvicorn.run(app, host='0.0.0.0', port=8000)
27  except KeyboardInterrupt:
28      pass
29
30  led.close()
```

見慣れない命令が多数あり、難しく思えるかもしれません。しかし、ほとんどの部分はウェブサーバーの基本設定に関するものであり、本書のサンプルプログラム中でほぼ共通です。

プログラム中の次の部分は、末尾が「/9-1」のアドレスにアクセスされた場合にindex.htmlファイルを提供する、という意味になります。ブラウザでページを開いたときに**図9-4**のようなボタンのあるページが開いたのは、この記述があったためです。

9.3 ブラウザのボタンによる LED の点灯

```python
@app.get('/9-1', response_class=HTMLResponse)
async def index(request: Request):
    context = {"request": request}
    return templates.TemplateResponse("index.html", context)
```

また、「ブラウザから LED の制御命令を受け付ける」という本節に関わる内容は次の部分のみです。

```python
from gpiozero import LED
 （中略）
led = LED(25)

@app.get('/9-1/get/{gpio}')
async def get(gpio: int):
    if gpio == 25:
        led.toggle()
    return led.value
```

「`@app.get('/9-1/get/{gpio}')`」の行は、「`/9-1/get/{gpio番号}`」というアドレスでアクセスされたときに実行される関数を指定するためのものです。「『`/9-1/get/{gpio番号}`』というアドレス」とは、この演習の場合、たとえば「http://192.168.1.3:8000/9-1/get/25」というアドレス、ということです。ユーザーがこのアドレスを直接指定することはありませんが、プログラム内部ではこのアドレスでウェブサーバーにアクセスするのです。

そのときに実行されるのが、次の行にある「`async def get(gpio: int):`」から始まる get 関数です。この行で、上の行に書かれていた「`{gpio}`」が int、すなわち整数であることが指定されています。この演習では GPIO の番号である 25 です。

そして、get 関数で実際に実行されるのは「`led.toggle()`」、すなわちトグル動作による LED の点灯・消灯の切り替えです。そしてその切り替えのあと、「`return led.value`」により、LED の状態、すなわち 1（点灯）か 0（消灯）かをブラウザに返しています。この値は、ブラウザ上のボタンの色の変更に利用されます。

HTML ファイル

次に、HTML ファイル templates/index.html を見てみましょう。このファイルでは主に部品の配置を行っています。この演習では次のようにボタンを 1 つ配置しています。

```html
<button id="gpio25" onClick="toggleLED(25)">LED</button>
```

第 **9** 章　FastAPI を用いた PC やスマートフォンとの連携（要ネットワーク）

これにより任意のIDとして「gpio25」というIDを付け、ボタンがクリックされたときに
toggleLEDという関数に引数25を渡して起動するようにしています。toggleLEDはJavaScript
ファイルstatic/javascript.js内で定義されています。

JavaScript ファイル

次に、JavaScriptファイルstatic/javascript.jsについて簡単に解説します。JavaScriptファ
イルの全体は次のようになっており、HTMLファイルで呼び出したtoggleLED関数が定義され
ています。

```javascript
1   var url_base = '/9-1/get/';
2
3   function toggleLED(gpio){
4       var url = url_base + String(gpio);
5       fetch(url)
6       .then(function(response){
7           return response.text();
8       })
9       .then(function(text){
10          if(Number(text) == 1){
11              document.getElementById("gpio25").className = "HIGH";
12          }else{
13              document.getElementById("gpio25").className = "LOW";
14          }
15      });
16  }
```

JavaScriptはPythonと文法が異なるので処理の流れだけ解説します。次の2行により、「/9-
1/get/25」というアドレス、たとえば「http://192.168.1.3:8000/9-1/get/25」に相当するアド
レスがurlという変数名で作られます。

```javascript
var url_base = '/9-1/get/';
  （中略）
var url = url_base + String(gpio);
```

そのアドレスへのアクセスを行っているのが次の部分です。

```javascript
fetch(url)
```

それがRaspberry Pi上で動作しているapp.pyに伝わり、実際に回路上のLEDの点灯・消灯を切り替えるのは先ほど見たとおりです。

そして、app.pyでは切り替え後のLEDの状態をブラウザに返すのでした。その結果を受け取って処理を行っているのが次の部分です。具体的には、gpio25の名前を持つボタンの見た目を「HIGH」で定義された見た目と「LOW」で定義された見た目とのどちらかに切り替えています。

```
.then(function(response){
    return response.text();
})
.then(function(text){
    if(Number(text) == 1){
        document.getElementById("gpio25").className = "HIGH";
    }else{
        document.getElementById("gpio25").className = "LOW";
    }
});
```

「HIGH」と「LOW」の見た目は、CSSファイルstatic/styles.css内で定義されています。

まとめ

以上、この演習で用いるサンプルファイルのエッセンスを紹介しました。それぞれのファイルに記述されている内容が連携して演習の動作が実現できていることがわかったと思います。現時点でこれらのすべてを理解する必要はありません。まずは動作を体験しながら、部分的に手を加えるなどして、少しずつ慣れていくのがよいでしょう。

9.4 ブラウザへの温度センサの値の表示

本節では、7章で用いたI2C接続の温度センサADT7410の値をブラウザから読み取ってみましょう。

本節の演習を行う前に **7.1.2** で行ったように設定アプリケーションでI2Cを有効にしてください。7章の演習を実行した方なら、I2Cが有効のままになっているでしょう。

9.4.1 動作させるための手順

温度センサを読み取るため、図9-5に示す回路を作成しましょう。

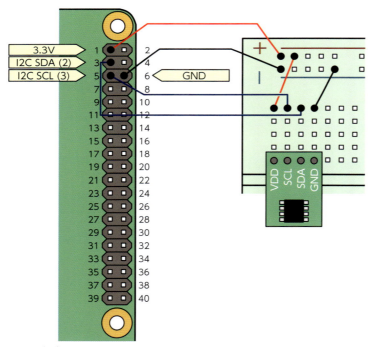

図9-5　温度センサADT7410から温度を取得するための回路

この回路を組んだら、サンプルファイルの存在するgihyoフォルダの中にある、**09-02-temp**フォルダ内のapp.pyを実行します。Thonnyでapp.pyを開いて実行してもよいですし、ターミナルで**09-02-temp**フォルダに移動してからapp.pyをコマンドで実行しても構いません。その場合、新たに起動したターミナルで実行すべきコマンドは次の2つです。

```
cd gihyo/09-02-temp
python3 app.py
```

実行したら、次の手順で動作確認してみましょう。

9.4.2 動作確認

先ほど実行したapp.pyの動作を確認するために、PCやスマートフォンのブラウザで次のアドレスにアクセスしてください。

http://192.168.1.3:8000/9-2

IPアドレスは皆さんのRaspberry Piに割り当てられたものに読み替えてください。「:8000」の部分はポート番号と呼ばれるものを指定しており、この部分は皆さん共通です。

正しくページが開かれると、**図9-6**のようなページが現れます。このページにアクセスできないときは、「ネットワーク構成が正しいか」、「IPアドレスが正しいか」、「**09-02-temp**フォルダにあるapp.pyが実行されたままの状態か」、「I2Cが有効になっているか」をチェックしてください。

図9-6 ブラウザで温度センサの値を閲覧するサンプル画面

このページでは、温度センサ周囲の温度が表示され、2秒おきに更新されます。以降では、この動作を実現させるエッセンスを解説します。

9.4.3 演習で用いるサンプルファイルについての解説

9.3と同様、この演習の動作を実現しているのは、**09-02-temp**フォルダにある4つのファイルです。

HTMLファイルtemplates/index.htmlでは次のように温度表示部を配置し、temp_textというIDを付けています。

```
<input type="text" id="temp_text">
```

第 **9** 章　FastAPI を用いた PC やスマートフォンとの連携（要ネットワーク）

　この温度表示部に対して、JavaScript ファイル static/javascript.js から温度を書き込んでいます。**9.3** の LED では、ボタンを押すことで GPIO へのアクセスが起こりましたが、ここでは「2秒おきにセンサの情報を取得」のように定期的にセンサへアクセスしなければなりません。そのために、次のように「millis ミリ秒おきにセンサの値を取得する」という getTempPeriodic 関数を作成しています。

```
function getTempPeriodic(millis){

    fetch(url)
    .then(function(response){
        return response.text();
    })
    .then(function(text){
        document.getElementById("temp_text").value = text;
    });

    // millisミリ秒後に自分自身を呼び出す
    setTimeout(function(){ getTempPeriodic(millis); }, millis);
}
```

　この関数では、**9.3** と同様に「fetch(url)」によって温度取得を行い、その結果を temp_text 領域に書き込む、という処理を行っています。

　これだけでは温度センサの値を一度読み取るだけですが、この関数の最後に、JavaScript の setTimeout 関数を用いて、millis ミリ秒後に自分自身（getTempPeriodic）を呼び出す、という命令を追加しています。これにより millis ミリ秒ごとの温度取得が実行されます。

　getTempPeriodic 関数は、ページの読み込み終了時に「getTempPeriodic(2000);」として実行されるので、結果的に 2,000 ミリ秒（2秒）おきの呼び出しになっています。

　Python プログラム app.py には、7章で用いた温度取得命令「read_adt7410()」がそのまま含まれています。この命令は static/javascript.js から fetch(url) が実行されるたびに次のように呼び出され、JavaScript に結果を返しています。

```
@app.get('/9-2/get')
async def get():
    return read_adt7410()
```

　以上が、この温度センサの値をブラウザに表示するサンプルファイルに記述されている内容のエッセンスです。

9.5 ブラウザのスライダの利用 〜RGB フルカラーLED

この節では、**8.4**で用いたRGBフルカラーLEDの色をブラウザから変更してみましょう。**8.4**では色の変更のために、半固定抵抗3つとADコンバータが必要だったため少し面倒でしたが、ブラウザを用いるとよりシンプルに実現できます。

9.5.1 動作させるための手順

RGBフルカラーLEDを点灯させるための回路は、**図9-7**です。**8.4**で学んだように、共通カソードか共通アノードかで回路が異なりますので注意してください。

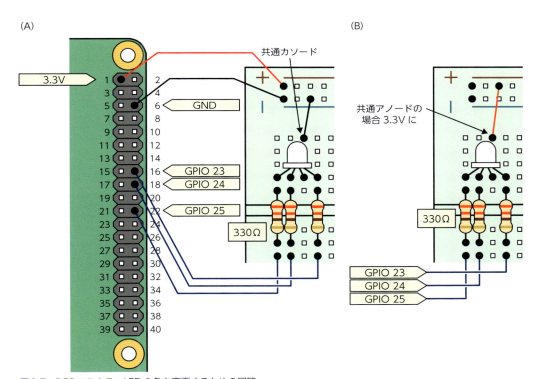

図9-7　RGBフルカラーLEDの色を変更するための回路

この回路を組んだら、サンプルファイルの存在するgihyoフォルダの中にある、**09-03-rgbled**フォルダ内のapp.pyを実行します。Thonnyでapp.pyを開いて実行してもよいですし、ターミナルで**09-03-rgbled**フォルダに移動してからapp.pyをコマンドで実行しても構いません。その

第9章　FastAPIを用いたPCやスマートフォンとの連携（要ネットワーク）

場合、新たに起動したターミナルで実行すべきコマンドは次の2つです。

```
cd gihyo/09-03-rgbled
python3 app.py
```

実行したら、次の手順で動作確認してみましょう。

9.5.2　動作確認

先ほど実行したapp.pyの動作を確認するために、PCやスマートフォンのブラウザで次のアドレスにアクセスしてください。

http://192.168.1.3:8000/9-3

IPアドレスは皆さんのRaspberry Piに割り当てられたものに読み替えてください。「:8000」の部分はポート番号と呼ばれるものを指定しており、この部分は皆さん共通です。

正しくページが開かれると、**図9-8**のようなページが現れます。このページにアクセスできないときは、「ネットワーク構成が正しいか」、「IPアドレスが正しいか」、「**09-03-rgbled**フォルダにあるapp.pyが実行されたままの状態か」をチェックしてください。

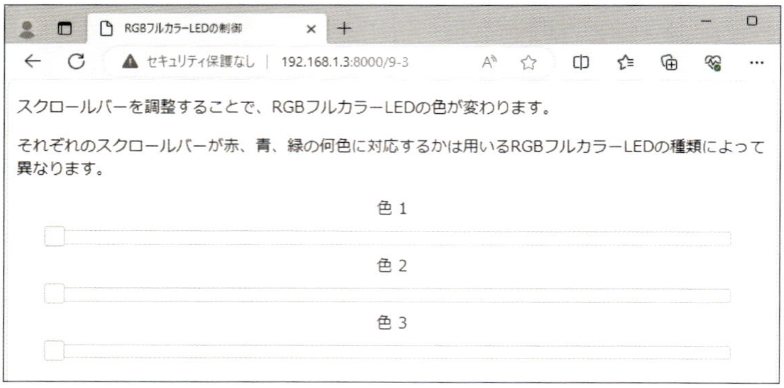

図9-8　ブラウザでRGBフルカラーLEDの色を変更するためのサンプル画面

ページ上には3つのスライダがあり、共通カソードの場合は、スライダを左に移動すると消灯し、共通アノードの場合は右に移動すると消灯します。共通アノードで、スライダを左に移動したときに消灯したい場合、次項の解説に基づいてプログラムを変更してください。

なお、スライダのつまみをつかんで移動する際、スマートフォンやタブレットのブラウザではつまみをタッチでつかみにくい場合があります。そのようなときは、スライダのバーをタッチし

9.5 ブラウザのスライダの利用～ RGB フルカラー LED

てつまみを移動すると操作しやすいでしょう。

以降では、この動作を実現させるエッセンスを解説します。

9.5.3　演習で用いるサンプルファイルについての解説

9.3と同様、この演習の動作を実現しているのは、**09-03-rgbled** フォルダ内にあるファイルです。

まずは、スライダについてです。この部品は、HTMLのデフォルトにもありますが、それを用いるとブラウザによって挙動が変わってしまいます。そこでこのサンプルファイルでは、「jQuery UI」と呼ばれるライブラリにあるスライダを用いています。jQuery UIは、前述したstaticフォルダに含まれていて、HTMLファイルtemplates/index.htmlから呼び出されています。そして、templates/index.htmlでは次の記述でスライダ用の場所を確保しています。

```
<div id="slider1"></div>
```

実際にスライダを配置しているのはJavaScriptファイルstatic/javascript.js内部の次の部分です。

```
$( "#slider1" ).slider({
    min: sliderMin,
    max: sliderMax,
    step: sliderStep,
    value: sliderValue,
    change: sliderHandler1,
    slide: sliderHandler1
});
```

変数にセットされた初期設定を渡してスライダを作成しています。具体的にはスライダの最小値（min）は0、最大値（max）は20、刻み幅（step）は1、初期値（sliderValue）は0です。さらに、スライダの値が確定されたとき（change）、スライダを移動している最中（slide）に呼ばれるイベントハンドラsliderHandler1も渡しています。

イベントハンドラは次のように定義されています。

```
var sliderHandler1 = function(e, ui){
    var ratio = ui.value/sliderMax;
    // 共通アノードの場合次の行を有効に
    //ratio = 1.0 - ratio;
```

195

第**9**章　FastAPIを用いたPCやスマートフォンとの連携（要ネットワーク）

```
        var url = url_base + '25/' + String(ratio);
        fetch(url);
    };
```

　スライダの現在の値（ui.value）をスライダの最大値（sliderMax、実際は20）で割ることで、0.0から1.0の値の値が得られます。これをPWMのデューティ比とします。共通カソードの場合は0.0から1.0をそのままデューティ比0.0から1.0に対応づけます。

　共通アノードの場合「//ratio = 1.0 - ratio;」という行を有効に、という指示があります。先頭の「//」を削除して「ratio = 1.0 - ratio;」とすることで有効化できます。それにより、0.0から1.0のスライダの値がデューティ比1.0から0.0に対応づけられます。3色分で3つ同じ命令がありますので、共通アノードの場合は3つとも有効化して保存してください。ファイルjavascript.jsの編集は、185ページに記したようにテキストエディタMousepadを用いるのがよいでしょう。

　なお、得られた0.0から1.0の値を「var url = url_base + '25/' + String(ratio);」および「fetch(url);」にてGPIO 25のPWMのデューティ比としてapp.pyに送っています。残りの2つのスライダの値は、それぞれGPIO 24とGPIO 23へのデューティ比として送ります。

　Pythonファイルapp.pyでは受け取った情報をもとにPWMのデューティ比を変更しています。GPIO 25に関する部分だけ抜き出すと、次のとおりです。

```
led1 = PWMLED(25)
  (中略)
led1.value = 0
  (中略)
# 共通アノードの場合、初期デューティ比を 1 に
#led1.value = 1

@app.get('/9-3/get/{gpio}/{rate}')
async def get(gpio: int, rate: str):
    rate_f = float(rate)

    if gpio == 25:
        led1.value = rate_f
  (中略)
    return rate_f
```

　最初にGPIO 25をPWMLED用のピンとして設定し、共通カソードの場合は初期デューティ比を0にしてLEDを消灯しています。共通アノードの場合、デューティ比1（HIGHと同じ）で消灯となるので、「#led1.value = 1」の先頭の「#」を削除して有効にする必要があります。変更したapp.pyをもう一度読み込ませるには、app.pyのプログラムを終了してもう一度実行し直す

196

9.5 ブラウザのスライダの利用〜 RGB フルカラー LED

必要があります。

　JavaScript から送られた情報をもとにデューティ比を変更するのは「async def get(gpio: int, rate: str):」からの部分です。受け取ったデューティ比を「rate_f = float(rate)」により数値に変更し、「led1.value = rate_f」として LED の PWM へと反映させています。

　なお、この rate_f を JavasScript へと返して（return して）いますが、JavaScript ではその情報は使っていません。

9.6 タッチイベントの利用 〜DCモーターの速度制御

次に、8.5で学んだDCモーターの速度制御をブラウザから実行してみましょう。前節のRGBフルカラーLEDのときと同様に、ADコンバータや半固定抵抗が不要なので8.5よりもシンプルに実現できます。

なお、前節と同じスライダを用いる方法でも実現できますが、ここではスマートフォンやタブレットの画面タッチにより速度制御してみましょう。PCでは、タッチの代わりにマウスのクリックを用います。なお、このあとの10章の演習では、この方式を用いてキャタピラ式模型の操作を行います。

8.5ではDCモーターの制御と同時にGPIOからの入力（半固定抵抗の電圧）を用いたのでノイズ対策が重要でした。本章および10章ではGPIOからではなくブラウザから指令を与えるので、ノイズ対策のコンデンサはモーター1つあたり1つで問題なく動作します。

9.6.1 動作させるための手順

DCモーターの速度制御を行うための回路は、**図9-9**です。

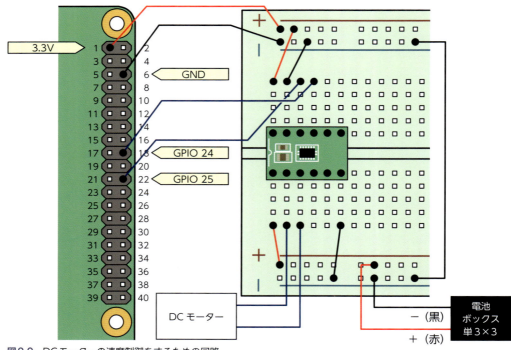

図9-9　DCモーターの速度制御をするための回路

この回路を組んだら、サンプルファイルの存在するgihyoフォルダの中にある、**09-04-dcmotor**フォルダ内のapp.pyを実行します。Thonnyでapp.pyを開いて実行してもよいですし、ターミナルで**09-04-dcmotor**フォルダに移動してからapp.pyをコマンドで実行しても構いません。その場合、新たに起動したターミナルで実行すべきコマンドは次の2つです。

```
cd gihyo/09-04-dcmotor
python3 app.py
```

実行したら、次の手順で動作確認してみましょう。

9.6.2　動作確認

動作確認するために、PCやスマートフォンのブラウザで次のアドレスにアクセスしてください。

http://192.168.1.3:8000/9-4

IPアドレスは皆さんのRaspberry Piに割り当てられたものに読み替えてください。「:8000」の部分はポート番号と呼ばれるものを指定しており、この部分は皆さん共通です。

正しくページが開かれると、**図9-10**のようなページが現れます。このページにアクセスできないときは、「ネットワーク構成が正しいか」、「IPアドレスが正しいか」、「**09-04-dcmotor**フォルダにあるapp.pyが実行されたままの状態か」をチェックしてください。

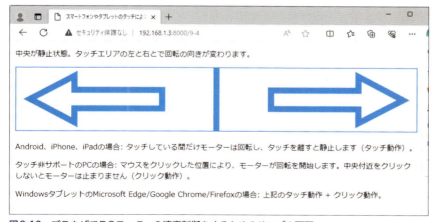

図9-10　ブラウザでDCモーターの速度制御をするためのサンプル画面

第**9**章　FastAPI を用いた PC やスマートフォンとの連携（要ネットワーク）

　ページ上の青い枠で囲われた部分がタッチエリアになります。スマートフォンやタブレットでは、このエリアの左半分をタッチしている間、DCモーターが一方向に回転し、右半分をタッチしている間は反対方向に回転します。タッチを離すとDCモーターは止まります。中央部をタッチしてもやはり止まります。

　なお、PCでマウスクリックにより操作する場合、挙動が少し異なります。タッチエリアをマウスでクリックした際にDCモーターは動き始めますが、中央付近をもう一度クリックしないとDCモーターは止まりません。

　また、Windowsタブレットの場合は、上記のタッチ動作とクリック動作の両方が可能なことが多いでしょう。詳細は**図9-10**の操作ページ上のコメントをご覧ください。

　なお、**8.5**の演習同様、このプログラムを終了するときは必ずキーボードショートカットのCtrl-Cを用いてください。Thonnyの「Stop」ボタンで終了すると、デューティ比が1の信号が出力され、モーターが停止しなくなることがあります。

　以降ではこの動作を実現させるエッセンスを紹介します。

◗● 9.6.3　演習で用いるサンプルファイルについての解説

　9.3と同様、この演習の動作を実現しているのは、**09-04-dcmotor**フォルダ内にあるファイルです。

　HTMLファイルtemplates/index.htmlでは、次の3行によってtouchAreaというIDのブロック要素を作成し、その中にDCMotorController.pngという画像を貼り付けています。この画像はページ上の青い矢印や枠を含んだものです。

```
<div id="touchArea" align="center">
  <img src="/9-4/static/DCMotorController.png" id="touchImage" oncontextmenu="return ↵
false;">
</div>
```

　このブロック要素touchAreaに対し、JavaScriptファイルstatic/javascript.jsにて次のようにイベントに対する動作（イベントリスナー）を登録しています。

```
// タッチエリアの設定
var touchArea = document.getElementById("touchArea");

// タッチイベントのイベントリスナーの登録
touchArea.addEventListener(touchStart, touchEvent, false);
touchArea.addEventListener(touchMove, touchEvent, false);
touchArea.addEventListener(touchEnd, touchEndEvent, false);
```

9.6 タッチイベントの利用〜 DC モーターの速度制御

```
// クリックイベントのイベントリスナーの登録
touchArea.addEventListener("click", clickEvent, false);
```

　スマートフォン用にはタッチ開始時（touchStart）とタッチしながら指を動かしたとき（touchMove）に実行する関数としてtouchEventを登録してモーターの速度を変え、タッチ終了時（touchEnd）にはtouchEndEventを登録してモーターを停止させます。なお、複数のブラウザで同じように動作するよう、それぞれのタッチイベント（touchStart/touchMove/touchEnd）にはブラウザごとに異なる名称のイベントが割り当てられています。

　PC用にはマウスをクリックしたとき（click）に実行する関数としてclickEventを登録しています。

　これらの関数のうち、touchEvent関数を見てみると、次のように定義されています。

```
function touchEvent(e){
    e.preventDefault();

    // タッチ中のイベントのみ捕捉(IE)
    if(support.pointer || support.mspointer){
        if(e.pointerType != 'touch' && e.pointerType != 2){
            return;
        }
    }
    var touch = (support.pointer || support.mspointer) ? e : e.touches[0];
    var width = document.getElementById("touchArea").offsetWidth;

    if(touch.pageX < width/2){
        var rate = 0.7*(width/2-touch.pageX)/(width/2);
        if(Math.abs(rate-rate24Prev) > th){
            var url = url_base + '0/' + String(rate);
            fetch(url);
            rate25Prev = 0;
            rate24Prev = rate;
        }
    }else{
        var rate = 0.7*(touch.pageX-width/2)/(width/2);
        if(Math.abs(rate-rate25Prev) > th){
            var url = url_base + String(rate) + '/0';
            fetch(url);
            rate25Prev = rate;
            rate24Prev = 0;
        }
```

```
      }
}
```

　タッチエリアの幅（width）を取得し、タッチのX座標（touch.pageX）が幅の半分（width/2）より小さいかどうかで処理を分岐させています。タッチのX座標（touch.pageX）が幅の半分（width/2）より小さいのはエリアの左半分をタッチしているときで、このときGPIO 25に0、GPIO 24にPWM信号を出力するようにし、右半分をタッチしているときはGPIO 25にPWM信号、GPIO 24に0を出力するようにします。それを実現しているのが「var url =」から始まる行で、変数urlには、「/9-4/get/{GPIO 25へのデューティ比}/{GPIO 24へのデューティ比}」の形式のアドレスが格納され、「fetch(url);」の行でapp.pyへと送られます。そのPWMのデューティ比は**8.5**の演習のときと同様に0.0から0.7の範囲に収まるように計算されています。

　このデューティ比がapp.pyを通して各GPIOに設定されるわけですが、これはネットワークを介して行われるため、あまり頻繁に値を送信すると、処理が追いつかなくなってしまいます。そのため、以前送信した値をrate25Prev、rate24Prevという変数に格納しておき、値の差の絶対値（Math.abs）が一定値（th=0.1）を超えたときのみ、値を送信することにしています。

　JavaScriptから送られたデューティ比は、Pythonファイルapp.pyの次の部分で受け取られ処理されます。

```
out1 = PWMOutputDevice(25)
out2 = PWMOutputDevice(24)
out1.value = 0
out2.value = 0

@app.get('/9-4/get/{rate1}/{rate2}')
async def get(rate1: str, rate2: str):
    rate1_f = float(rate1)
    rate2_f = float(rate2)

    out1.value = rate1_f
    out2.value = rate2_f

    return rate1_f
```

　out1とout2がそれぞれGPIO 25とGPIO 24を表しており、送られてきたデューティ比を数値にしたrate1_fとrate2_fがそれぞれにセットされていることがわかるでしょう。

9.7 ブラウザによるサーボモーターの制御

この節では、8.6で用いたサーボモーターをブラウザから制御します。8.6では半固定抵抗によりサーボモーターを動かしましたが、本節では9.5と同様にブラウザのスライダを利用します。

9.7.1 動作させるための手順

サーボモーターを利用するためには、8.6で学んだように、設定ファイル/boot/firmware/config.txtの末尾に「dtoverlay=pwm-2chan」と書かれた行が追記されている必要があります。まだこの設定を行っていない方は、8.6を参考に済ませてください。設定を終えたらRaspberry Piの再起動が必要になります。

サーボモーターを制御するための回路は図9-11です。2つのサーボモーターを同時に操作できる回路としましたが、サーボモーターを1個しか接続していない状態でも正常に動作します。

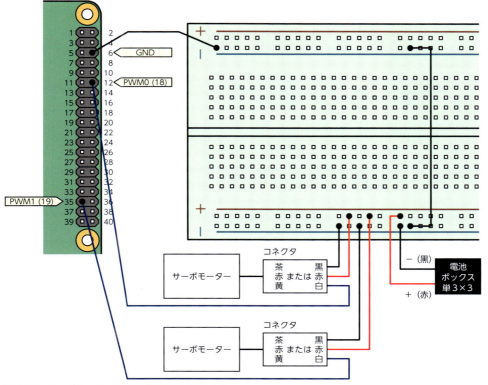

図9-11　サーボモーター2個を制御するための回路

この回路を組んだら、サンプルファイルの存在するgihyoフォルダの中にある、**09-05-servo**フォルダ内のapp.pyを実行します。Thonnyでapp.pyを開いて実行してもよいですし、ターミナルで**09-05-servo**フォルダに移動してからapp.pyをコマンドで実行しても構いません。その場合、新たに起動したターミナルで実行すべきコマンドは次の2つです。

```
cd gihyo/09-05-servo
python3 app.py
```

実行したら、次の手順で動作確認してみましょう。

9.7.2　動作確認

動作確認するために、PCやスマートフォンのブラウザで次のアドレスにアクセスしてください。

http://192.168.1.3:8000/9-5

IPアドレスは皆さんのRaspberry Piに割り当てられたものに読み替えてください。「:8000」の部分はポート番号と呼ばれるものを指定しており、この部分は皆さん共通です。

正しくページが開かれると、**図9-12**のようなページが現れます。このページにアクセスできないときは、「ネットワーク構成が正しいか」、「IPアドレスが正しいか」、「**09-05-servo**フォルダにあるapp.pyが実行されたままの状態か」、「/boot/firmware/config.txtの末尾への追記はあるか」をチェックしてください。

図9-12　ブラウザでサーボモーター2個を制御するためのサンプル画面

2つのスライダがあり、それぞれGPIO 18とGPIO 19に接続したサーボモーターの角度に対応します。**9.5**の演習と同様、スライダのつまみをつかんで移動する際、スマートフォンやタブレットのブラウザではつまみをタッチでつかみにくい場合があります。そのような場合、スライダのバーをタッチしてつまみを移動すると操作しやすいでしょう。

以降ではこの動作を実現させるエッセンスを紹介します。

9.7　ブラウザによるサーボモーターの制御

9.7.3　演習で用いるサンプルファイルについての解説

9.3と同様、この演習の動作を実現しているのは、**09-05-servo**フォルダ内にあるファイルです。

HTMLファイルtemplates/index.htmlでは次のようにスライダ用の場所を確保しています。`slider0_servo`と`slider1_servo`が2つのスライダに対応します。**9.5**の演習と同様にjQuery UIに含まれるものを用います。

```
<div id="text0_servo">サーボモーター0の角度調整</div>
<div id="slider0_servo"></div>
<div id="text1_servo">サーボモーター1の角度調整</div>
<div id="slider1_servo"></div>
```

実際にスライダを配置しているのはJavaScriptファイルstatic/javascript.js内部の次の部分です。

```
$( "#slider0_servo" ).slider({
    min: sliderMin,
    max: sliderMax,
    step: sliderStep,
    value: sliderValue0,
    change: sliderHandler0,
    slide: sliderHandler0
});
```

変数にセットされた初期設定を渡してスライダを作成しています。具体的にはスライダの最小値（min）は0、最大値（max）は20、刻み幅（step）は1、初期値（sliderValue0）は10です。さらに、スライダの値が確定されたとき（change）、スライダを移動している最中（slide）に呼ばれるイベントハンドラsliderHandler0も渡しています。これと同様の命令がslider1_servoに対しても適用されています。

イベントハンドラは次のように定義されています。

```
var sliderHandler0 = function(e, ui){
    var ratio = ui.value/sliderMax;
    // サーボモーターを逆向きに回転させたい場合次の行を有効に
    //ratio = 1.0 - ratio;
    var url = url_base + '0/' + String(ratio);
    fetch(url);
};
```

第**9**章　FastAPIを用いたPCやスマートフォンとの連携（要ネットワーク）

スライダの現在の値（ui.value）をスライダの最大値（sliderMax、実際は20）で割った0.0から1.0の値をPythonファイルapp.pyに送ることになります。なお、サーボモーターを逆向きに回転させたい場合「//ratio = 1.0 - ratio;」という行を有効に、という指示があります。先頭の「//」を削除することで有効化できます。2つのサーボ用に2つ同じ命令がありますので、必要な方は2つとも有効化して保存してください。ファイルjavascript.jsの編集は、185ページに記したようにテキストエディタMousepadを用いるのがよいでしょう。

「var url = url_base + '0/' + String(ratio);」という命令で、「/9-5/get/0/{デューティ比}」というアドレスを作成し、そのアドレスに「fetch(url);」でアクセスしデューティ比をapp.pyに送っています。このイベントハンドラはslider0_servo用ですのでスライダのIDとして0も一緒に送っています。slider1_servo用には1を一緒に送ります。

送られたデューティ比は、app.py内で次のようにPWMのデューティ比としてセットされます。

```
@app.get('/9-5/get/{servoID}/{rate}')
async def get(servoID: int, rate: str):
    rate_f = float(rate)
    if servoID == 0:
        pwm_duty(pwmid0, servo_duty_hwpwm(rate_f))
    elif servoID == 1:
        pwm_duty(pwmid1, servo_duty_hwpwm(rate_f))
    return rate_f
```

変数servoIDに格納されたスライダのIDが0の場合はpwmid0で表されるPWMに、IDが1の場合はpwmid1で表されるPWMにデューティ比がセットされていることがわかります。pwmid0とpwmid1はapp.pyの上部でそれぞれGPIO 18とGPIO 19に対応づけられています。

servo_duty_hwpwmは同じくapp.py内で次のように定義されています。これは**8.6.2**で解説した内容と同じです。サーボモーターを逆向きに回転させたいときのコメントがありますが、本節の演習ではそれをJavaScriptファイルで実現しましたので、このapp.pyファイルを編集する必要はありません。

```
def servo_duty_hwpwm(val):
    val_min = 0
    val_max = 1
    servo_min = 0.7 # ms
    servo_max = 2.0 # ms
    duty = (servo_min-servo_max)*(val-val_min)/(val_max-val_min) + servo_max
    # サーボモーターを逆向きに回転させたい場合はこちらを有効に
    #duty = (servo_max-servo_min)*(val-val_min)/(val_max-val_min) + servo_min
    return duty
```

206

第 **10** 章

FastAPI を用いた
キャタピラ式模型の操作
（要ネットワーク）

10.1 本章で必要なもの

10.2 TAMIYA工作キットで機体を作成

10.3 ツインモーターギヤーボックスの動作確認

10.4 キャタピラ式模型にカメラを搭載しよう
（オプション）

10.5 キャタピラ式模型に搭載したカメラを
上下に動かす（オプション）

第 10 章　FastAPI を用いたキャタピラ式模型の操作（要ネットワーク）

10.1　本章で必要なもの

　本章では、前章で学んだ FastAPI を用いて、キャタピラ式模型を PC やスマートフォン、タブレットのブラウザから操作します。これまでの章の内容の多くを用いる総まとめとなりますが、特に **9.6** の「タッチイベントの利用〜DC モーターの速度制御」がベースになっていますので、そこまで学んでから本章に取り掛かることをおすすめします。

　本章で用いる回路に関するパーツは、すべてこれまでの章で用いたものです。新たに用いるキャタピラ式模型に必要な物品は、可能な限り TAMIYA の模型キットのものとし、特殊な工具などはなるべく用いない方針で作成します。その理由は、多くの方に本章の内容を体験してもらいたいからです。そのため、ブレッドボードや電池をパーツ上に固定する際に両面テープを用いるなど、簡易的な方法で組み立てています。その点で、機械工作の得意な方には少し物足りないかもしれません。より本格的な機体を作成することは、皆さんへの課題としますので、ぜひかっこいい機体を作ってください。

　なお、TAMIYA の模型キットは必ずしも近所の玩具店に在庫があるとは限りません。通信販売で購入するのが簡単です。また、時期によってはキットが入手しにくいこともあります。そのようなときの対策も記しますので本文をお読みください。

　本章で用いる回路用の物品は、**表 10-1** のとおりです。

表 10-1　本章で必要な回路用の物品

物品	備考
3 章で用いた物品一式	必須。ジャンパーワイヤはオス−オスとオス−メスの両方を用いる
DRV8835 使用 DC モータードライバモジュール	必須。8 章で用いたもの
電池ボックス 単 3 ×3 本タイプ	必須。8 章で用いたもの
DC モーター用配線	必須。8 章で用いたもの
0.01 μF のコンデンサ	必須。8 章で用いたものを 2 個用いる
はんだごて、はんだ、ニッパ	必須。DC モーターの配線に用いる
Raspberry Pi 用ケース	必須。2 章で紹介したもの。Raspberry Pi を収めたケースをキャタピラ式模型に両面テープで固定するため
両面テープ	必須。ブレッドボードや電池ボックスを固定するために用いる。あとで外しやすいよう、粘着力の強くないものがよい
スマートフォン用モバイルバッテリー	任意。USB Type-C 端子で 5V/3A を出力できるもの。用いると、キャタピラ式模型をコンセントに接続する必要がなくなる。筆者が試したのは Buffalo BSMPB6718C2BK および BSMPB5010C2BK
Raspberry Pi 用 Wifi 接続環境	任意。**付録 A** で解説されている。用いると、キャタピラ式模型を無線操作できる

10.1 本章で必要なもの

物品	備考
LCDモジュール	任意。IPアドレスを表示するために用いる。7章で用いたもの
タクトスイッチ（タクタイルスイッチ）	任意。Raspberry Piのシャットダウンボタンとして用いる。5章で用いたもの
Raspberry Pi用カメラモジュール	任意。キャタピラ式模型に取り付け、映像を見ながら操作できるよう用いる。**5.6**で用いたもの
2mm径のネジとナット	任意。カメラを固定するのに用いる。東急ハンズなどで取り扱われている「八幡ねじ　なべ小ねじ　M2×10mm　P0.4」（10本入り）にはナットやワッシャーも含まれている
サーボモーター	任意。カメラを上下に動かすのに用いる

　また、キャタピラ式模型の機体を作成するのに必要な物品は**表10-2**のとおりです。機体の組み立てに用いる補助パーツの入手しやすさから、機体Aと機体Bの2種類を選べるようにしました。執筆時では、機体Aに用いる「ユニバーサルプレート」を入手しにくく、さらに「ユニバーサルアームセット」も、在庫がなくなりしだい入手しにくくなることが予想されるためです（生産が行われて在庫が復活する可能性もあります）。

表10-2　本章で必要な機体用の物品

物品		備考
はんだごて、はんだ、ニッパ、ドライバ		必須。DCモーターの配線やキットの組み立てに用いる
TAMIYA 楽しい工作シリーズ No.211「アームクローラー工作セット」		必須。機体のベースとして用いる。なお、No.228の「2chリモコンタイプ」を用いる場合、次の「ツインモーターギヤーボックス」は不要
TAMIYA 楽しい工作シリーズ No.97「ツインモーターギヤーボックス」		必須。DCモーターが2個付属するもの。「ダブルギヤボックス」とは異なるので注意
機体A	TAMIYA 楽しい工作シリーズ No.157「ユニバーサルプレート 2枚セット」	機体Aを作る場合は必須。機体の二段構造を作成するために用いる
	TAMIYA 楽しい工作シリーズ No.143「ユニバーサルアームセット」	機体Aを作る場合は必須。機体の二段構造を作成するために用いる。なお、No.183のオレンジバージョンでも可
機体B	「スタジオミュウ タッピングプレート2枚」、「ABS樹脂板（160mm×60mm×3mm）2枚」、「TAMIYA ユニバーサルプレート2枚」のどれか1種	機体Bを作る場合は必須。「タッピングプレート」は千石電商のコードEEHD-4K77。「ABS樹脂板」は「はざいや」で購入したものに自分で穴を空けて用いる。「TAMIYA ユニバーサルプレート」を2枚入手できる場合はそれが最も簡単
	TAMIYA 楽しい工作シリーズ No.253「ユニバーサルピラーセット」	機体Bを作る場合は必須
	TAMIYA 楽しい工作シリーズ No.236「カーブユニバーサルアームセット」	機体Bにカメラを取り付ける場合は必須。「TAMIYA ユニバーサルアームセット」を入手できればそちらでもよい
	TAMIYA「精密ピンバイスD（0.1〜3.2mm）」および「3.2mmのストレートドリル刃」	機体Bで「タッピングプレート」または「ABS樹脂板」を用いる場合は必須。3.2mmのドリル刃に対応したピンバイスならば何でもよい。ドリル刃はたとえば千石電商のコード2ANK-5ELJやコード245B-27FAなど

10.2 TAMIYA工作キットで機体を作成

10.2.1 機体の概要

　表10-2で解説したように、本章ではいくつかのTAMIYAの模型キットを組み合わせて1つのキャタピラ式模型を作成します。TAMIYAの模型キットに慣れていれば他の構成で作ることも可能ですが、今回は組み立てやすさ、キットの入手のしやすさから2つの構成を用意しました。それぞれ、どのように用いるか示していきましょう。

アームクローラーとブレッドボード上の回路

　まず、機体の完成状態を図10-1に示します。機体Aを示しましたが、のちに示すように、機体Bもほぼ同じ構造です。図中にも示されているように、キャタピラを含む機体に「アームクローラー工作セット」を用いています。これと「ツインモーターギヤーボックス」は機体A、機体Bの両方で用います。なお、「アームクローラー工作セット 2chリモコンタイプ」を購入した場合、「ツインモーターギヤーボックス」は付属しますので、別途購入する必要はありません。

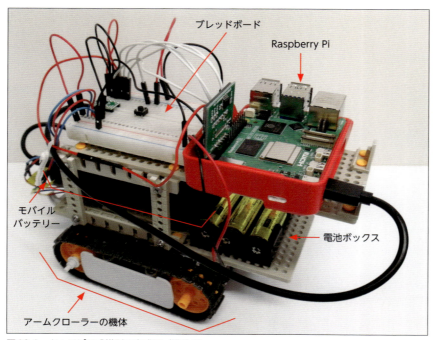

図10-1 キャタピラ式模型の完成図（機体A）

本来、このアームクローラー工作セットには「アーム」と呼ばれる補助のキャタピラがさらに付きますが、ここではそれを取り付けていません。これを取り付ける方法は **10.2.2** で紹介します。

　なお、この図ではブレッドボード上のジャンパーワイヤを用いた配線がかなり目立っています。より本格的な電子工作をするのであれば、この回路のパーツを「ユニバーサル基板」と呼ばれるものの上にすべてはんだづけし、回路や配線をシンプルにすべきところです。それは読者の皆さんへの課題としますので、興味のある方はトライしてみてください。

　また、Raspberry Piとブレッドボードはオス－メスタイプのジャンパーワイヤでつながれていますが、このジャンパーワイヤを2本つないで延長することで、Raspberry Piとブレッドボードを離して配置できるようにしていることにも注意してください。

ツインモーターギヤーボックス

　「ツインモーターギヤーボックス」は、**図10-1**では機体に隠れてほとんど見えません。機体に隠れたツインモーターギヤーボックスを真上から見ると**図10-2**のようになります。

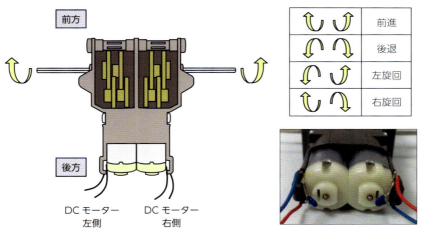

図10-2　ツインモーターギヤーボックスと模型の進行方向の関係

　アームクローラー工作セットには、モーター1つのギヤーボックスが付属しますが、これをモーター2つのツインモーターギヤーボックスに交換します。その理由は**図10-2**に示すように、モーターが2つあると、それぞれの回転の向きをRaspberry Piで制御することで、前進、後退、左右旋回の4つの動作が可能になるからです。それにより、どの方向にも自由に移動できるキャタピラ式模型が実現します。すでに述べたようにアームクローラー工作セット 2chリモコンタイプを購入した場合は、**図10-2**のツインモーターギヤーボックスが付属します。

　なお、**図10-1**では、このキャタピラ式模型の前進の方向は右側です。モーター1つのギヤーボックスを用いると、前進と後退しかできないことに注意しましょう。

第 10 章　FastAPI を用いたキャタピラ式模型の操作（要ネットワーク）

　本節では機体の作成方法を最後まで解説しますが、回路を接続しての動作確認は、機体作成前の状態（**図10-2**）で行うことを推奨します。そのほうが回路やギヤーボックスの取り回しが容易で、試行錯誤がしやすいからです。

　また、モーターへ接続する4本のケーブルは、少し長めの25cmくらいのものをはんだづけしましょう。長めにしておくほうが、ブレッドボードを機体に配置する際に配置の自由度が高くなります。機体に配置したあと、長すぎると思ったら短くカットし直せばよいのです。

　それぞれのモーターには、148ページの**図8-2**で学んだように、ノイズ除去用に0.01μFのコンデンサをはんだづけして用いてください。今回は、一度ギヤーボックスに取り付け、ボックスと干渉しないようにはんだづけする必要があります。コンデンサの取り付け例は、**図10-2**の右下に示しています。**9.6**で述べたように、1つのモーターあたり1つのコンデンサで問題なく動作します。もし、独自にセンサなどを模型に搭載しようという方は、167ページの**図8-12**のようなノイズ対策が必要になる可能性があるので注意しましょう。

二段構造

　図10-1をよく見ると、機体は二段構造になっていることがわかります。それぞれの段に次のものを配置しています。

- 下の段
  - モーター用電池ボックス
  - Raspberry Pi用のモバイルバッテリー（両端がUSB Type-C端子のケーブルで接続）

- 上の段
  - Raspberry Pi
  - ブレッドボード

　この二段構造自体は、**図10-3**のように上に載ったパーツを取り除くとわかりやすいでしょう。実現方法の異なる機体Aと機体Bにおける二段構造を示します。

212

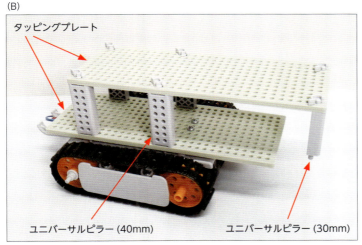

図10-3 キャタピラ式模型から上に載せるパーツを取り外したところ。(A) 機体A、(B) 機体B

　機体AはTAMIYA楽しい工作シリーズの「ユニバーサルプレート 2枚セット」と「ユニバーサルアームセット」を用いて作成しました。なお、図10-3を見るとわかるように、上の段が前方に張り出すように取り付けられています。これは、のちにカメラを取り付ける演習をオプションで行う際に必要なスペースを確保するためです。

　機体Bはミュウ工作シリーズの「タッピングプレート」2枚とTAMIYA楽しい工作シリーズの「ユニバーサルピラー」を用いて作成しました。タッピングプレートはTAMIYAのユニバーサルプレートに似ていますが、「穴の径が約0.2mm小さい」、「板の厚さが0.5mm厚い」という違いがあります。そのため、ユニバーサルピラーを取り付けるためには、3.2mmのドリル刃を取り付けたピンバイスで穴の径を広げなければいけません。さらに、板が少し厚いため、ユニバーサル

ピラーを固定するためのストッパーピンは少ししか回転しないことにも注意してください。無理に取り付けようとしてパーツを壊さないようにしましょう。なお、タッピングプレートもユニバーサルプレートも入手できず、「ABS樹脂板」を用いるという場合、加工のための情報をサポートページに記載しますので必要に応じて参考にしてください。

　ブレッドボード、および下の段に載せるモーター用電池ボックスとモバイルバッテリーは、両面テープでユニバーサルプレートに固定します。あとで外しやすいよう粘着力の弱いものにしましょう。粘着力の強いものしかない場合、あらかじめ粘着面を指で触れて粘着力を落としてから貼り付けるとよいでしょう。

　上の段に載せるRaspberry Piは、ケースに収めた状態で両面テープを用いて固定します。**図10-1**では、Raspberry Piの公式ケースの底面である赤いパーツのみを用いました。この際、ケースとユニバーサルプレートの間に、余ったユニバーサルアームの切れ端をゲタのように挟むと安定して貼り付けることができるでしょう。機体Bの場合は、TAMIYAのキットのプラスチックの切れ端（ランナーといいます）をたばねてゲタ代わりにしてもよいでしょう。

　上の段の前方には、あとの節でRaspberry Pi用カメラを取り付けるための土台とするためのパーツが取り付けられています。機体Aではユニバーサルプレート付属の軸受け材P1、機体Bでは30mmのユニバーサルピラーがそれぞれ2つです。HDMIなどの端子と干渉する場合、当面は外しておいてもよいでしょう。

　なお、この二段構造に載せたものすべてが必須、というわけではありません。たとえば、ここではRaspberry Piへの電源としてモバイルバッテリーを用いていますが、最初のうちはこれまでの章で用いたようにUSB充電器を電源としても構いません。また、Raspberry Piを有線でネットワークに接続しても構いません。そうすると、配線のためキャタピラ式模型を動かせる範囲が制限されますが、模型を動かすこと自体は実現できます。動かせる範囲の制限が気になるようになってから、モバイルバッテリーやWifiの利用を検討してもよいでしょう。

10.2.2　各キットの組み立ての注意

　「アームクローラー工作セット」と「ツインモーターギヤーボックス」はそれぞれ組み立てキットになっています。2つを組み合わせて用いるため、各キットの説明書とは異なる組み立て方をしなければならない部分があります。それらに関する注意をここで述べます。なお、すでに述べたようにアームクローラー工作セット 2chリモコンタイプを購入した場合はツインモーターギヤーボックスを別途購入する必要はありません。

アームクローラー工作セット

　「付属のギヤーボックス、電池ボックス、スイッチ（説明書1〜6）」、「パーツB5（説明書8）」、「アーム（説明書11）」は用いずに作成しています。アームを取り付けたい場合、次のツインモーターギヤーボックスに関する注意をご覧ください。

ツインモーターギヤーボックス

説明書の「Cタイプ」で組み立てます。説明書どおりに組み立てると、**図10-1**のようにアームのないキャタピラ式模型となります。

アームを取り付けたい場合、ツインモーターギヤーボックスを作る際に「六角シャフト」を「アームクローラー工作セットの3×72mm六角シャフト」に変更して作成してください。

なお、ツインモーターギヤーボックスをアームクローラー工作セットに取り付ける方法は、アームクローラー工作セットの説明書の最終ページ「応用編」に記されていますので参考にしてください。

アームクローラー工作セット 2chリモコンタイプ

説明書1のリモコンボックスの組み立て、説明書6と7のモーターとリモコンボックスの接続は不要です。また、説明書12〜14のアームの取り付けは任意です。

10.3 ツインモーターギヤーボックスの動作確認

10.2では本章で動かすキャタピラ式模型の構成を紹介しました。10.2に従って組み立てれば、同じ形の模型を作成することは可能でしょう。

しかし、キャタピラ式模型を制御するためには、これまでの章で学んできたように、回路作成と動作確認を行わなければなりません。回路作成と動作確認は、キャタピラ式模型の上にRaspberry Piやブレッドボードなどが搭載された状態だと、行いにくくなるでしょう。

そこで、回路作成と動作確認は、Raspberry Piやブレッドボードなどを模型に搭載しない状態で行うことを推奨します。またツインモーターギヤーボックスは、機体に取り付ける前の状態（図10-2）で動作確認しておくほうが、取扱いが容易です。つまり、「すべての動作確認が済んでから、機体に取り付ける」という流れになります。

10.3.1 動作させるための手順

ここで作成すべき回路は図10-4です。モーターを2つ用いており、198ページの図9-9の回路がベースとなっています。

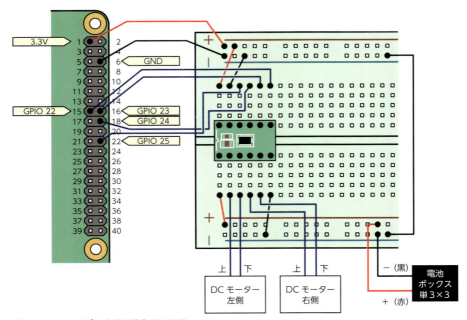

図10-4 キャタピラ式模型操作用の回路

モーターは**図10-2**のようにツインモーターギヤーボックスを配置した際の左側と右側とで区別し、配線はその置き方で上に位置するものと下に位置するものとを区別して示しています。

ブラウザからこの回路にアクセスするため、9章で行ったように、**10-01-tank**フォルダ内のapp.pyを実行しましょう。Thonnyでapp.pyを開いて実行してもよいですし、ターミナルで**10-01-tank**フォルダに移動してからapp.pyをコマンドで実行しても構いません。その場合、新規に起動したターミナルで実行すべきコマンドは次の2つです。

```
cd gihyo/10-01-tank
python3 app.py
```

実行したら、次の手順で動作確認してみましょう。

10.3.2 動作確認

先ほど実行したapp.pyの動作を確認するために、PCやスマートフォンのブラウザで次のアドレスにアクセスしてください。

http://192.168.1.3:8000/10-1

IPアドレスは皆さんのRaspberry Piに割り当てられたものに読み替えてください。「:8000」の部分はポート番号と呼ばれるものを指定しており、この部分は皆さん共通です。

正しくページが開かれると、**図10-5**のようなページが現れます。このページにアクセスできないときは、「ネットワーク構成が正しいか」、「IPアドレスが正しいか」、「**10-01-tank**フォルダにあるapp.pyが実行されたままの状態か」をチェックしてください。

第10章　FastAPIを用いたキャタピラ式模型の操作（要ネットワーク）

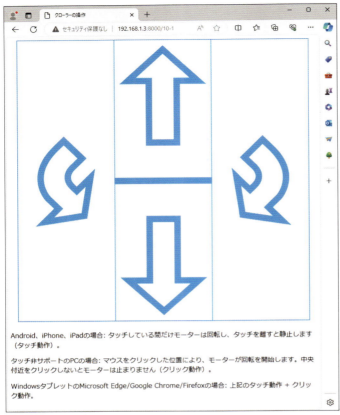

図10-5　キャタピラ式模型操作用の画面

　ページ上にある青い枠で囲われた正方形のエリアがタッチエリアになります。PCのブラウザを用いる場合は、正方形全体が表示されるようにウインドウサイズを調整してください。

　上下方向の矢印が描かれた幅1/3のエリアが前進、後退を表します。スマートフォンやタブレットでは、このエリアをタッチしている間だけ、モーターが回転します。中心から離れた場所をタッチするほど、モーターが速く回転します。

　左右のエリアは、左旋回と右旋回の領域です。やはり、左端、右端に近いエリアをタッチするほうが速く旋回します。タッチ非サポートのPCの場合、9.6の演習と同様、クリックしたときにモーターが回転を開始し、中心をクリックしたときにモーターが停止する、という挙動になりますので注意してください。また、Windowsタブレットの場合は、お使いのブラウザによって上記のタッチ動作とクリック動作のどちらで操作するかが異なります。図10-5の操作ページ上のコメントをご覧ください。

　動作確認はできたでしょうか？　あとは、ツインモーターギヤーボックスを機体に搭載すれば模型を動かすことができることは想像できると思います。ただし、その前にいくつか注意を述べましょう。

10.3 ツインモーターギヤーボックスの動作確認

┠◦ 10.3.3　機体搭載前の注意

　筆者が作成した機体はすでに紹介した**図10-1**です。図を見るとわかるように、Raspberry Pi にはキーボード、マウス、ディスプレイが接続されていません。

　この状態だと、**10.3.1**で行った「手動でのapp.pyの実行」や、キャタピラ式模型の操作用ページ（**図10-5**）にアクセスする際に必要な「Raspberry PiのIPアドレスの確認」、さらには「Raspberry Piのシャットダウン」ができません。

　そこで、キーボード、マウス、ディスプレイが接続されない状態でも、app.pyの実行や、IP アドレスの確認、シャットダウンができるように、パーツを機体に搭載する前の準備を行いましょう。

webtank サービスによる app.py の自動実行

　Raspberry Piが起動したときにapp.pyが自動的に実行されるようにしましょう。app.pyは FastAPIを利用してウェブサーバーとして機能するのでした。それを自動実行するには、このプログラムをサービスとして登録するのがよいでしょう。

　10-01-tank フォルダ内のapp.pyをサービスとして登録するため、同じフォルダにあるwebtank. serviceというテキストファイルに、必要な設定内容を記載してあります。このファイルには皆さんのユーザー名を記述しなければならない箇所があるので、次の手順に従い、テキストエディタで編集しましょう。

　新規にターミナルを起動し、次の2つのコマンドを実行してwebtank.serviceを編集用に開いてください。

```
cd gihyo/10-01-tank
mousepad webtank.service
```

　その中に次の行があります。

```
WorkingDirectory=/home/kanamaru/gihyo/10-01-tank
```

　「kanamaru」というのは筆者のユーザー名ですので、この部分を皆さんのユーザー名に変更し、保存してください。保存が済んだらテキストエディタを終了しましょう。

　そして、mousepadを実行したターミナルでそのまま次のコマンドを実行してください。先ほど編集したwebtank.serviceをシステム領域に移動するコマンドです。この移動コマンドは「gihyo/10-01-tank」フォルダに移動したターミナルでのみ実行できますので注意してください。

第 10 章　FastAPI を用いたキャタピラ式模型の操作（要ネットワーク）

```
sudo mv webtank.service /etc/systemd/system/
```

　以上でapp.pyを「webtank」という名称のサービスとして登録することができました。ターミナル上で次のコマンドを実行し、app.pyの自動実行を有効にしてみましょう。なお、このコマンドはどのフォルダからでも実行できます。

```
sudo systemctl enable webtank
```

　このコマンドを実行したらRaspberry Piを再起動します。
　再起動後、app.pyを手動で実行することなく、**10.3.2**で紹介したPCやスマートフォンのブラウザから操作用のページにアクセスし、モーターを回転させることができれば、app.pyは自動実行されていることになります。

IPアドレスを確認する方法

　さて、キャタピラ式模型の操作用ページ（**図10-5**）にアクセスするには、Raspberry PiのIPアドレスを知る必要があります。
　ここまで本書では、割り当てられたアドレスは「192.168.1.3」という前提で説明してきました。一般的にIPアドレスは、**9.2.4**で紹介したように、Raspberry Piを再起動させるたびに変化する可能性があります。ネットワーク接続する機器の台数が少ない場合、ほぼ毎回同じIPアドレスが割り当てられることが多いのですが、これが変化する可能性はゼロではない、ということです。
　この問題の解決法として、本書では「IPアドレスを用いずに操作用ページにアクセスする方法」および「キャタピラ式模型にLCDを接続しIPアドレスを表示する方法」の2つを紹介します。
　「IPアドレスを用いずに操作用ページにアクセスする方法」を主に使えるのは、macOSやiPhone、iPadをお使いの方です。**付録D**で紹介されているように、IPアドレスを使わずにRaspberry Piにアクセスできます。WindowsやAndroidスマートフォンについての情報も記しますので、ぜひこの方法を試してみてください。その方法を実現できれば以降で解説するLCDは不要ということになります。223ページの「シャットダウンボタンの追加」の項目に進んで構いません。
　ここからは、もう一方の「LCDを接続しIPアドレスを表示する方法」を解説しましょう。7章で用いたI2C接続のLCDを用います。I2Cを用いるには、7章で行ったように設定アプリケーションでI2Cを有効にします。
　図10-4のDCモーター制御用の回路に、LCDを追加した回路が**図10-6**です。この図には、このあと紹介するタクトスイッチも追加してありますので、併せてお読みください。

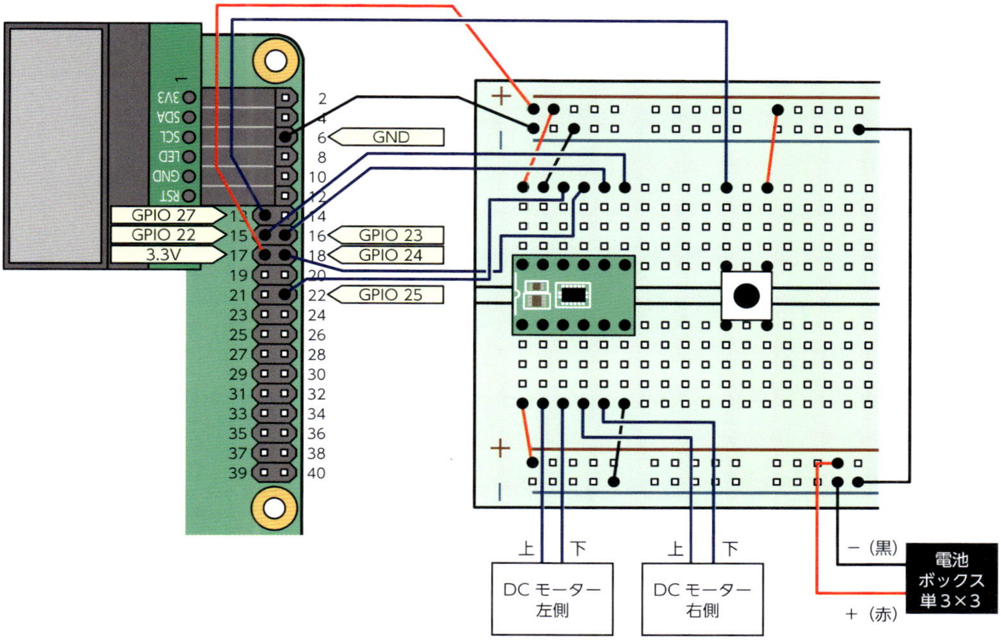

10.3 ツインモーターギヤーボックスの動作確認

図10-6 回路にIPアドレス表示用のLCDとシャットダウン用タクトスイッチを追加

なお、**図10-1**をよく見るとわかるように、**図10-6**の回路ではLCDをRaspberry Piに直接さして利用しています。LCDによりふさがれるため、3.3Vのピンはいつもと違う位置のピンを用いています。さらに、GPIO 27、GPIO 22、3.3Vへジャンパーワイヤをさし込むときは、LCDを取り付ける前にさし込む必要がありますので注意してください。

このLCDは、キャタピラ式模型を動かすためのパーツではなく、IPアドレスを知って操作用ページにアクセスするためのものであることに注意してください。

さて、LCD付きの回路を作成したら、Raspberry Piの起動時に、IPアドレスが自動的に表示されるように設定します。これには、**7.3**で用いたサンプルファイル**07-02-LCD.py**を使えます。

それでは、次の手順に従い、サンプルファイル**07-02-LCD.py**を実行するためのコマンドを、自動実行したいプログラムを記述するためのファイルである /etc/rc.local に記述しましょう。この方法を用いると、サービスとして登録せずにプログラムを自動実行できますので、今回の例のように単純なプログラムの自動実行に向いています。

まずターミナルを起動し、`sudo mousepad /etc/rc.local` コマンドでファイル /etc/rc.local を管理者権限のテキストエディタで開きます。このとき、8章でも述べたように、テキストエディタには管理者権限を持ったアカウントで作業していることについての警告が赤く表示されます。次の作業は慎重に行いましょう。

ファイル末尾に「exit 0」という行があります。その行の手前に、次のように1行追加しましょう。この記述内容はサポートページにも記載しますので、コマンドをコピーして貼り付けたい方

221

は活用してください。

```
python3 /home/kanamaru/gihyo/07-02-LCD.py $_IP    ← この1行を追加
exit 0
```

なお、上記コマンド中の「kanamaru」は筆者のユーザー名です。ここは皆さんのユーザー名に変更してください。

この/etc/rc.localファイルの中では「$_IP」はRaspberry Piに割り当てられたIPアドレスを格納した変数として機能しています。追加後、/etc/rc.localファイルを保存したらテキストエディタを閉じてください。

以上により、Raspberry Piが起動する際、LCDにIPアドレスを表示するプログラムが自動実行されるようになります。Raspberry Piを再起動して試してみましょう。すると、図10-7のように、LCDにはRaspberry Piに割り当てられたIPアドレスが表示されるはずです。写真はRaspberry Piとブレッドボードを機体に搭載した状態で撮影しています。

図10-7　LCDにIPアドレスが表示されたところ

以上の方法がうまく機能するためには、まず126ページの**図7-3**のようにI2Cが有効化されていなければなりません。さらに、**07-02-LCD.py**が実行される前にRaspberry PiのIPアドレスが確定していることも必要です。このとき、IPアドレスではなく「Raspberry Pi」とLCDに表示されたら、IPアドレスの確定が**07-02-LCD.py**の実行より遅い可能性があります。その場合、/etc/rc.localの中にある「# Print the IP address」と書かれた行の上に「sleep 10」と書かれた1行を追加すると、IPアドレス表示用プログラムの実行を10秒遅らせることができ、LCDへのIPアドレスの表示に成功することがありました。うまくいかない場合は試してみてください。

シャットダウンボタンの追加

　次に、シャットダウンボタンの追加についてです。ディスプレイやマウスを接続しない状態だと、Raspberry Piをシャットダウンしようと思ってもできませんね。そこで、シャットダウン用のボタンをタクトスイッチで実現します。LCDと同様、キャタピラ式模型を制御するためのものではありませんが、用意されているほうが安心でしょう。

　これまで本書では、「タクトスイッチを押した際に何らかのアクションを起こす」という例を、**5.6**と**5.7**で試しました。その際は「ボタンを押した」というイベントを検出しました。しかし今回の例のようにDCモーターを接続している場合は、GPIOの信号にノイズが少し乗るため、イベントの誤検出が起こってしまいます。この問題は、167ページの**図8-12**のように複数のコンデンサによるノイズ対策を行っても起こり得ます。

　そこでこの問題を避けるため、ここでは「イベント検出」ではなく、「タクトスイッチの長押し（2秒程度）」でシャットダウンのコマンドを与えるプログラムが記述された**10-04-sw-poweroff.py**というサンプルファイルを用意しました。**図10-6**のようにタクトスイッチを追加した回路で、**10-04-sw-poweroff.py**を用います。なお、「IPアドレスを用いずに操作用ページにアクセスする方法」を用いる方は、**図10-6**においてRaspberry PiにLCDをさし込む必要はありません。

　10-04-sw-poweroff.pyは、あらかじめ実行しておく必要があります。先ほどのIPアドレスの自動表示のときと同様に、ファイル/etc/rc.localを `sudo mousepad /etc/rc.local` コマンドにより管理者権限のテキストエディタで開いて、**10-04-sw-poweroff.py**を自動実行するための1行を「exit 0」の手前に追加してから、ファイル/etc/rc.localを保存してください。この1行もサポートページに掲載します。なお、次の記述のうち、「**07-02-LCD.py**」に関する行は、LCDを用いる方にのみ必要な行です。

```
python3 /home/kanamaru/gihyo/07-02-LCD.py $_IP
python3 /home/kanamaru/gihyo/10-04-sw-poweroff.py &     ← この1行を追加
exit 0
```

　これまでどおり、ユーザー名「kanamaru」は皆さんのユーザー名に変更してください。なお、「&」はプログラム**10-04-sw-poweroff.py**をバックグラウンドで実行するために付けるものです。

　以上を実行したら、Raspberry Piを再起動してください。再起動後、タクトスイッチを2秒程度長押しすることでRaspberry Piのシャットダウンが起こることを確認しましょう。

本節のまとめ

　パーツを機体に搭載する前の準備として、「webtankサービスによるapp.pyの自動実行」、「IPアドレスの確認」、「シャットダウンボタンの追加」について解説しました。

　それぞれ動作確認ができたら、Raspberry Piの電源を切った状態で、Raspberry Piやブレッドボードなどのパーツを機体に搭載しましょう。本節の説明どおりに注意深く実行すれば、PCやスマートフォンなどのブラウザからキャタピラ式模型を操作できるようになるはずです。

第 **10** 章　FastAPI を用いたキャタピラ式模型の操作（要ネットワーク）

10.4　キャタピラ式模型にカメラを搭載しよう（オプション）

10.4.1　必要なアプリケーションのインストール

　オプション扱いの **5.6** では、Raspberry Pi 用カメラモジュールを用いる演習を紹介しました。そのカメラをキャタピラ式模型に搭載し、ブラウザでカメラからの映像を見ながら操作することができます。本節でその方法を紹介するので、カメラモジュールを持っている方は、ぜひ試してみてください。

　まず、Raspberry Pi の電源を切った状態で、カメラモジュールを接続します。カメラモジュールは基板がむき出しですので、取扱いに注意しましょう。本体のコネクタは壊れやすいので、慎重に取り扱うことも必要なのでした。カメラモジュールのケーブルをまっすぐさし込むことにも注意しましょう。なお、カメラをキャタピラ式模型の機体に取り付けるのは、以降で行う動作確認が済んでからにします。

　次に、キーボード、マウス、ディスプレイを接続した状態で Raspberry Pi を起動します。この際、Raspberry Pi をキャタピラ式模型に搭載したままでも、一度機体から外してからでも構いません。そして、カメラモジュールからの映像をブラウザで閲覧できるよう配信するソフトウェア、「mjpg-streamer」をインストールします。ターミナルを新規に起動して、次の（1）～（7）のコマンドを順番に実行していきましょう。なお、長いコマンドが多いので、サポートページでコピーできる形式でコマンドを再掲します。ご活用ください。

(1) `sudo apt update`
(2) `sudo apt -y install libjpeg-dev cmake libcamera-dev`
(3) `git clone https://github.com/neuralpi/mjpg-streamer`
(4) `cd mjpg-streamer/mjpg-streamer-experimental`
(5) `make`
(6) `cd`
(7) `sudo mv mjpg-streamer/mjpg-streamer-experimental /opt/mjpg-streamer`

　（1）、（2）は、インストールに必要なライブラリやツールをあらかじめインストールしています。

　（3）はアプリケーションのソースコードのダウンロード、（4）はフォルダの移動で、（5）で実際にアプリケーションのビルドが行われます。これは 1 分程度で終わります。

　（6）はホームフォルダに移動するためのコマンドで、最後の（7）はビルドされたファイルをシステム領域に移動しています。

　なお、インストールの失敗などにより、（1）～（7）のコマンドをもう一度実行しようという場

合、（7）の実行の前に `sudo rm -r /opt/mjpg-streamer` を実行して、過去のファイルを削除する必要がありますので注意してください。

　以上で、映像配信のためのアプリケーションがインストールできました。次に、Raspberry Piを起動した際、このアプリケーションが自動実行されるようにします。そのためのプログラムが記述されたサンプルファイルを**10-05-stream.py**として用意してあります。

　このファイルの中には、皆さんの環境に合わせて変更しなければならない箇所があるので、その変更を行いましょう。まず、Thonnyで**10-05-stream.py**を開いてみましょう。7行目に次の内容が見えるはずです。

```
opt_in = 'input_libcamera.so -camver 1 -fps 15 -r 640x480 -s 640x480'
```

　このうち「-camver 1」の部分で、カメラモジュールのバージョンの数字を指定しています。お使いのカメラモジュールがバージョン2か3なら、この数字を2または3に変更し、それからファイルを保存してください。なお、実行はせずにThonnyを閉じて構いません。

　さて、このプログラムを自動で実行するために、ファイル /etc/rc.local を管理者権限のテキストエディタで開き、「exit 0」の手前に1行追加します。**10.3**の続きですと次のようになります。この1行もサポートページに掲載します。

```
python3 /home/kanamaru/gihyo/07-02-LCD.py $_IP
python3 /home/kanamaru/gihyo/10-04-sw-poweroff.py &
python3 /home/kanamaru/gihyo/10-05-stream.py &    ← この1行を追加
exit 0
```

　これまでどおり、ユーザー名「kanamaru」は皆さんのユーザー名に変更してください。記述が終わったら保存します。ここでRaspberry Piを再起動すれば映像の配信が行われます。そのまま再起動し、動作確認を行ってみましょう。

● 10.4.2　動作確認

　Raspberry Piを再起動したら、PCやスマートフォンのブラウザで次のアドレスにアクセスしてください。IPアドレスは皆さんのRaspberry Piに割り当てられたものに読み替えてください。ポート番号がいつもと異なり9000になっていることにも注意してください。

http://192.168.1.3:9000/

　図10-8のような画面が現れれば、mjpg-streamerのインストールと起動に成功していますので、先に進みます。この画面が現れなければ、インストールか起動のどちらかに失敗しています

ので、**10.4.1** の手順をもう一度確認してください。

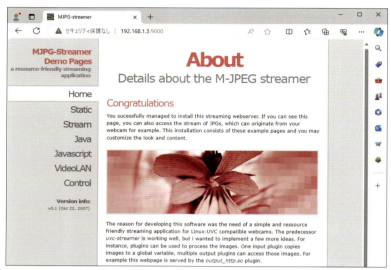

図10-8　mjpg-streamerのデフォルト画面

　さて、この段階では、**10.3**でキャタピラ式模型用のapp.pyの自動実行の設定が済んでいるでしょう。webtankという名称で10-01-tank/app.pyがサービスとして登録され、Raspberry Pi 起動時に自動実行されるのでした。

　カメラを用いる場合、自動実行されるファイルを10-02-image/app.pyに変更しなければなりません。その変更を行いましょう。ターミナルで `sudo mousepad /etc/systemd/system/webtank.service` コマンドを実行し、システム領域内のファイルを管理者権限のテキストエディタで開きましょう。このコマンドもサポートページでコピーできる形で再掲します。

　ファイル内に、次のような1行があるでしょう。

```
WorkingDirectory=/home/kanamaru/gihyo/10-01-tank
```

　このうちの「10-01-tank」の部分を「10-02-image」に書き換えてください。「kanamaru」の部分はすでに皆さんのユーザー名に書き換えられているはずです。ファイルを保存したらテキストエディタを閉じてください。

　その状態でRaspberry Piを再起動すると、10-01-tank/app.pyではなく10-02-image/app.pyが自動実行されているでしょう。

　PCやスマートフォンのブラウザで次のアドレスにアクセスしてください。

http://192.168.1.3:8000/10-2

IPアドレスは皆さんのRaspberry Piに割り当てられたものに読み替えてください。「:8000」の部分はポート番号と呼ばれるものを指定しており、この部分は皆さん共通です。

正しくページが開かれると、図10-9のような画面が現れます。このページにアクセスできないときは、「ネットワーク構成が正しいか」、「IPアドレスが正しいか」、「システム領域にあるwebtank.serviceの10-01-tankを10-02-imageに書き換え、Raspberry Piを再起動したか」をチェックしてください。

図10-9 カメラ付きキャタピラ式模型操作用の画面

操作用の画面にはカメラからの映像が表示されており、その上に図10-5でも表示されたような矢印が重なって表示されていることがわかります。この映像上の矢印をタッチすることで、これまでと同様にキャタピラ式模型を操作できます。なお、図10-9の操作用画面で、カメラの映像がときどき停止することがあります。そのような場合、ブラウザでページを再読み込みすると映像が動き始めることが多いでしょう。

ここまで確認できたら、一度Raspberry Piの電源を切って、カメラを機体に固定する作業に移りましょう。

10.4.3 カメラの機体への取り付け

筆者は、カメラを図10-10のように機体Aおよび機体Bに固定しました。10.2.1にて、機体Aには軸受け材P1を、機体Bにはユニバーサルピラーをそれぞれ2つ機体前方に取り付けたと紹介しましたが、それらに横向きのユニバーサルアームを固定します。機体Bのように、カーブしたユニバーサルアームでも構いません。固定には、機体Aの場合は3mmのビスとナットを、機体Bの場合は3mmのタッピングビスを用います。

そしてそこにカメラモジュールを固定します。

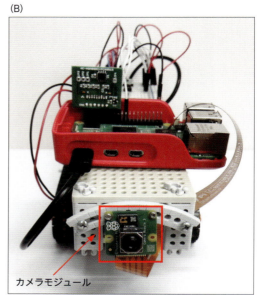

図10-10 カメラの固定例。(A) 機体A、(B) 機体B

カメラモジュールにあらかじめ開いている穴は2mmなので、残念ながらTAMIYAのキットに付属するビスとナットでは固定できません。2mm径のビスとナットで固定します。あまりきつくビスを締めるとカメラ基板上の回路部品に負荷がかかりますので、軽めに締めるようにしましょう。さらに、それらの回路部品に金属部がぶつからないよう注意しましょう。2mm径のビスとナットの入手が難しければ、カメラモジュール裏のコネクタ部の平面を利用して両面テープで固定する、というのでもよいと思います。

自動実行の停止

なお、この時点で、さまざまなプログラムが自動実行される状態になっています。それらを元に戻し、通常のRaspberry Piに戻す方法を紹介しておきます。

まず、webtankサービスの自動実行は次のコマンドで停止できます。

```
sudo systemctl disable webtank
```

　また、/etc/rc.localにより自動実行の設定を行ったプログラムは、これまで記述した内容を削除するか、先頭に「#」と書いて無効化すれば、再起動後は自動実行されなくなっています。`sudo mousepad /etc/rc.local` コマンドにより管理者権限のテキストエディタを起動して編集を行ってください。

10.5 キャタピラ式模型に搭載したカメラを上下に動かす（オプション）

10.5.1 準備

10.4にてキャタピラ式模型にカメラを搭載しましたが、本節ではさらにそのカメラをサーボモーター1個により上下に動かしてみましょう。カメラの左右方向の移動はすでにキャタピラ式模型の移動によって実現されていますので、より広い範囲を映像で確認できるようになります。

そのためには、まず10.4の動作確認が済んでいる必要があります。サーボモーターを用いますので、8.6か9.7を終えている必要もあります。

10.5.2 組み立て

図10-11がカメラにサーボモーターを取り付けた様子です。カメラにアームが取り付けられており、そのアームがサーボモーターにより上下に動きます。

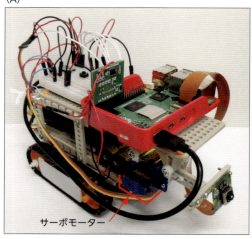

図10-11 カメラをサーボモーターで操作できるようにしたキャタピラ式模型。(A) 機体A、(B) 機体B

サーボモーター、アーム、カメラのみを取り外して表示したのが図10-12です。これまでどおり、可能な限りTAMIYAのキットで実現しています。

10.5　キャタピラ式模型に搭載したカメラを上下に動かす（オプション）

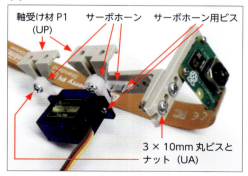
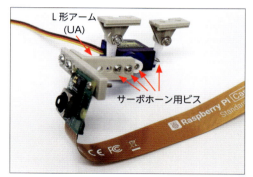
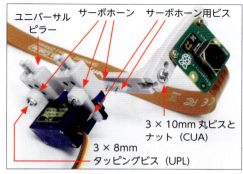
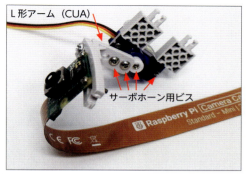

図10-12　カメラとサーボモーターを固定する方法。(A) 機体A、(B) 機体B

　図10-11(A) の中で「UP」と記されているのはユニバーサルプレートの付属品であり、「UA」と記されているのはユニバーサルアームセットの付属品です。一方、**図10-11(B)** の中で「UPL」と記されているのはユニバーサルピラーセットの付属品、「CUA」と記されているのはカーブユニバーサルアームセットの付属品です。

　サーボホーンとサーボホーン用ビスはサーボモーターの付属品です。ここでは秋月電子通商のパーツセットに含まれるサーボモーターSG90を用いました。機体A、機体Bのどちらにおいても、2つのサーボホーンをニッパでカットして整形し、吊り下げる方式でサーボモーターを固定しています。なお、サーボホーン用ビスは軸用のものを除いて4つ必要ですが、1つのサーボモーターの付属品では足りないことがあります。2つ目を購入してそちらの付属品を用いるか、ネットショップなどで取り扱われている「エスコ M2×8mmナベ頭タッピングビス」（40本入り）などを用いると、代用できます。

　なお、機体Bのサーボモーターを吊り下げるためのユニバーサルピラーは、30mmのものを、穴4つを残してニッパでカットしています。その際、一気に切ろうとせず、少しずつ切り込みを入れて切るようにしましょう。飛び散った破片でけがをしないよう、慎重に作業しましょう。

10.5.3 動作させるための手順

作成すべき回路は図10-13です。これは、図10-6の回路にサーボモーターを追加しただけのものです。図10-6と同様、LCDを用いない方はLCDをさし込む必要はありません。

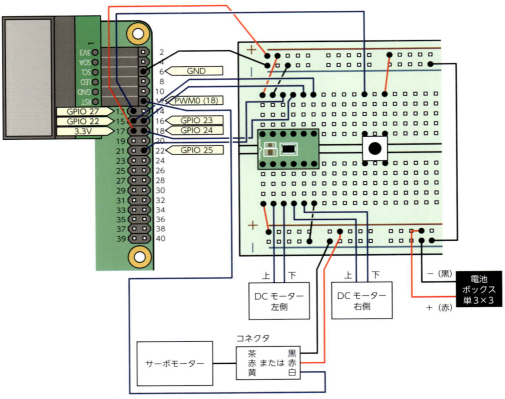

図10-13 カメラをサーボモーターで操作するための回路図

ブラウザからこの回路にアクセスするためには、**10-03-servo**フォルダ内のapp.pyを実行する必要があります。**10.4**を終えている場合、webtankサービスは、**10-02-image**フォルダ内のapp.pyを自動実行するよう設定されているでしょうから、それを変更しましょう。

ターミナルで `sudo mousepad /etc/systemd/system/webtank.service` コマンドを実行し、システム領域内のファイルを管理者権限のテキストエディタで開きましょう。このコマンドもサポートページでコピーできる形で再掲します。

ファイル内に、次のような1行があるでしょう。

```
WorkingDirectory=/home/kanamaru/gihyo/10-02-image
```

このうちの「10-02-image」の部分を「10-03-servo」に書き換えてください。「kanamaru」の部分はすでに皆さんのユーザー名に書き換えられているはずです。ファイルを保存したらテキストエディタを閉じてください。

以上を終えたあと、必要に応じてwebtankサービスの有効化と/etc/rc.localの編集（**10.3.3**）を行ってからRaspberry Piを再起動すると、10-02-image/app.pyではなく10-03-servo/app.pyが自動実行されているでしょう。

10.5.4　動作確認

先ほど実行したapp.pyの動作を確認するために、PCやスマートフォンのブラウザで次のアドレスにアクセスしてください。

http://192.168.1.3:8000/10-3

IPアドレスは皆さんのRaspberry Piに割り当てられたものに読み替えてください。「:8000」の部分はポート番号と呼ばれるものを指定しており、この部分は皆さん共通です。

操作ページが正しく動作すれば、図**10-14**のような画面が現れます。図**10-9**と比べると、カメラからの映像の右側にスライダが縦に表示されており、これを動かすことでサーボモーターを上下に操作することができます。

図10-14　ブラウザによる操作用の画面

付 録

付録A ネットワークへの接続

付録B プログラムが記述された
サンプルファイルのダウンロード

付録C Thonny を用いない開発方法（上級者向け）

付録D IP アドレスを用いずに
Raspberry Pi にアクセスする

付録E 日本語入力ソフトのインストール

付録F 青色LEDに順方向電圧をかけて点滅させる
（上級者向け）

付録

付録A　ネットワークへの接続

　ここではRaspberry Piをネットワークに接続する方法を解説します。皆さんが自宅でPCやスマートフォン、タブレットなどをWifiに接続できているならば、**図A-1**のように、Raspberry PiもWifiに接続できます。なお、Pi 3 B以前およびZero W以前の古い機種にはWifi機能はありませんので注意してください。

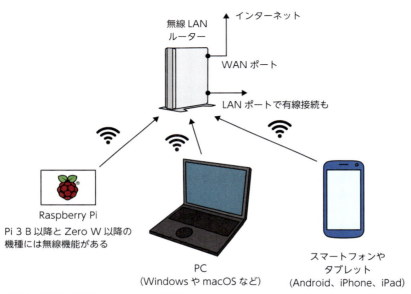

図A-1　Wifiによるネットワークへの接続

　Wifi接続は38ページの**図2-25**のようにデスクトップ右上のアイコンから行うのでした。接続後は、ブラウザを起動してインターネット接続を確認するとよいでしょう。

　なお、**図A-1**の「無線LANルーター」の部分は、「モバイルルーター」や、皆さんのスマートフォンのテザリング機能を用いたものでも構いません。ただしその場合、データ通信量に制限がないか、注意した上でご利用ください。本書の演習自体の通信量は少ないのですが、OSの更新により一時的にデータ通信量が多くなることがあり得るからです。

　また、**図A-1**の無線LANルーターの裏には、多くの場合「LANポート」と呼ばれるものがあり、それを利用するとModel B系の機種ならばLANケーブルを用いて有線でネットワークに接続できます。お好みでご利用ください。

　なお、学校や職場などではここでの解説とは異なる接続方式を用いていることがあるので、ネットワークの管理者に相談してください。

さて、図A-1のような無線LANルーターが自宅にない場合はどうすればよいでしょうか。典型的には、LAN端子が1つしかない接続機器でPCが有線接続している場合、壁のLAN端子にPCが直接つながっている場合などがあります。そのような場合は接続業者に一度相談するのがよいでしょう。「PCやスマートフォンをWifiでネットワークに接続したい」と伝えると話がスムーズに進むでしょう。

付録B　プログラムが記述されたサンプルファイルのダウンロード

　本書で用いるプログラムは、すべて記述済みのサンプルファイルを用意しています。それらはインターネットよりダウンロードできます。ここではその方法を解説します。

　ダウンロードは、Raspberry Piがネットワークに接続した状態で行うのが最も簡単です。**付録A**で解説した接続環境を用意してください。

　もし、この時点でRaspberry Piをネットワークに接続できない場合、WindowsなどのPCでファイルをダウンロードしてから、USBメモリなどを介してRaspberry Piに移動する、という方法があります。やや面倒な手続きとなりますので、注意して作業を行う必要があります。

　以上の2つの方法を解説します。

Raspberry Piをネットワークに接続している場合

　Raspberry Piをネットワークに接続している場合、まず38ページの図2-25に示されたアイコンで、LXTerminal（ターミナル）というソフトウェアを起動します。起動した様子が図B-1です。

図B-1　ターミナルを起動し、サンプルファイルをダウンロードする様子

　次のようなコマンド（命令）を受け付ける「コマンドプロンプト」が見えます。

`kanamaru@raspberrypi:~ $`

付録

　なお、上の <kanamaru> の部分には、皆さんがインストール直後に設定したユーザー名が書かれているはずです。

　このコマンドプロンプトに対してコマンドを入力してOSを操作する、ということがLinux系OSではしばしば行われます。すべてのサンプルファイルをgitというコマンドでダウンロードするため、コマンドプロンプトに次の内容を入力し、[Enter] キーを押して実行しましょう。

```
git clone https://github.com/neuralpi/gihyo
```

　このコマンドは長くて入力が少し大変ですね。本書のサポートページ「https://gihyo.blogspot.com/」に、上のコマンドをコピーできる形で再掲します。Raspberry Piのブラウザでサポートページを開いて上のコマンドをコピーし、ターミナル上に貼り付け（ターミナルのメニューから「編集」→「貼り付け」）、そして [Enter] キーを押せば、確実に実行できます。このように、サポートページによりコマンド入力が容易になりますので、積極的に活用してください。

　なお、すでにホームフォルダに「gihyo」フォルダが存在する場合、上記のコマンドは実行に失敗します。ファイルマネージャで既存の「gihyo」フォルダを削除するか名前を変更した上で実行してください。

　コマンドの実行に成功すれば、数秒程度でファイルのダウンロードが完了します。もし、「gitが存在しない」という意味のエラーが出た場合は、同じくコマンドプロンプトで、次の2つのコマンドを1つずつ順に実行し、gitをインストールしてください。

```
sudo apt update
sudo apt -y install git
```

　本書執筆時点では、gitはデフォルトでインストール済みなので、このコマンドを実行する必要はありません。しかし、将来のOSのバージョンでは必要になるかもしれません。

　さて、サンプルファイルのダウンロードが完了したら、38ページの**図2-25**のファイルマネージャにより、確認してみましょう。**図B-2**のように、ユーザーのホームフォルダに「gihyo」フォルダができています。「gihyo」フォルダの中には、演習で用いるさまざまなファイルが含まれています。これらを用いて電子工作を学びましょう。同じフォルダには本書で用いる回路の配線図をまとめたPDFファイルもありますのでご活用ください。

付録 B　プログラムが記述されたサンプルファイルのダウンロード

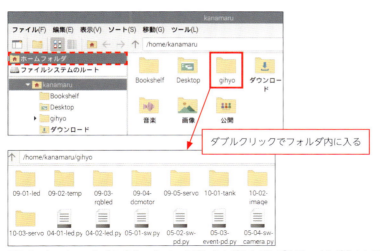

図B-2　ホームフォルダの「gihyo」フォルダにさまざまなサンプルファイルが含まれている

Raspberry Piをネットワークに接続していない場合

　Raspberry Piをネットワークに接続していない場合は、USBメモリを使ってサンプルファイルをRaspberry Piにコピーすることができます。作業の手順は次のようになります。

1. WindowsなどのPC上のブラウザでアドレス「https://github.com/neuralpi/gihyo」に接続し、ページにある緑色のボタンを「Code」→「Download ZIP」の順でクリックする。それにより、gihyo-master.zipという圧縮ファイルがダウンロードされる
2. PCでgihyo-master.zipをUSBメモリにコピーする
3. そのUSBメモリをRaspberry Piに接続し、ファイルマネージャを用いてホームフォルダにgihyo-master.zipをコピーする（**図B-3**）

図B-3　USBメモリ内の圧縮ファイルをホームフォルダへコピー

付録

　なお、1.でgihyo-master.zipをダウンロードする際、Windows Defenderにより、ファイル
にウィルスが含まれていると誤検出されることがまれにあります。サンプルファイルにウィルス
が含まれていないことは十分に確認しておりますので、問題ないファイルとして扱って構いませ
ん。
　さて、上の3.までの手順が済んだら、Raspberry Piのホームフォルダで圧縮ファイルgihyo-
master.zipを展開します。ターミナルを起動し、次の2つのコマンドを1つずつ順に実行しましょ
う。どちらのコマンドも、サポートサイトでコピーできる形で再掲します。

```
unzip gihyo-master.zip
mv gihyo-master gihyo
```

　1つめのコマンドで圧縮ファイルを展開し、2つめのコマンドで、フォルダ名を「gihyo-master」
から「gihyo」に変更しています。これにより**図B-2**と同じ環境が実現されました。

付録C　Thonnyを用いない開発方法（上級者向け）

C.1　エディタの設定

　本書ではThonnyを用いて開発を行います。このエディタ上でキーボードの［TAB］キーを押
すと、通常ですと「タブ」という記号が入力されるところが、空白4文字による字下げに置き換
えられます。本書の記述済みのサンプルファイルでもタブ1つが空白4文字として取り扱われて
います。
　Thonny以外のテキストエディタでも開発を行えますが、そのエディタで本書のサンプルファ
イルを開く場合、やはりタブを空白に置き換えるよう設定しておかないと、タブと空白が混在す
るなど、トラブルのもとです。そこで、OSにインストール済みのエディタでタブを空白4文字に
置き換える設定を紹介しておきましょう。

mousepad

　メニューから「編集」→「設定」→「エディター」とたどり、「タブの幅」を「4」に、「タブ
モード」を「スペースを挿入」に、「自動インデントを有効にする」にチェックを入れます。

nano

　ホームフォルダに「.nanorc」というファイルを作成し、次の内容を記述します。

付録 C　Thonny を用いない開発方法（上級者向け）

```
set tabsize "4"
set tabstospaces
```

vi

ホームフォルダに「.vimrc」というファイルを作成し、次の内容を記述します。

```
set expandtab
set tabstop=4
set softtabstop=4
set shiftwidth=4
```

⦿ C.2　プログラムの実行方法

　Thonny を用いずにプログラムを実行するには、ターミナルのコマンドプロンプト上でコマンドを実行する必要があります。たとえば、本書のサンプルファイル **04-01-led.py** を実行する場合、コマンド `python3 04-01-led.py` を実行します。これで、Thonny で実行したのと同様にプログラムが実行されます。終了するにはキーボードで Ctrl-C を入力します。

　ただし、**付録B**で準備したように、本書のサンプルファイルはホームフォルダの「gihyo」フォルダの中にあるのでした。そのため、プログラムを実行する前にコマンドプロンプト上で `cd gihyo` を実行し、「gihyo」フォルダに移動しておかなければいけません。

　このように、ターミナルの使用時には「自分が今どのフォルダにいるか」を把握することが重要です。ホームフォルダに戻るときは `cd` コマンドを単独で実行します。また、1つ上の階層のフォルダに戻る際は `cd ..` コマンドを実行すればよいことも、覚えておくと便利です。

⦿ C.3　タブによる補完

　コマンド `python3 04-01-led.py` はキーボードで入力しますが、毎回この文字をすべて入力するのは大変ですね。実は、この文字入力を簡単化する方法がありますのでここで紹介します。前述のコマンドを入力する際、**図C-1**にならい、`pyt` まで入力したタイミングでキーボードの［TAB］キーを押してみてください。`python` までコマンドが補完されたと思います。そしてそのままキーボードで `3` を入力することで、コマンドのうち `python3` までが完成します。なぜ `python3` まで補完されなかったかというと、補完の候補として「python」、「python3」などがあるからです。つまり、［TAB］キーを押したときにコマンドやファイル名などが検索され、候補が1つだけのところまでその結果が表示される、というわけです。

付録

241

図C-1　タブによる補完機能でコマンド入力を簡単に

　引き続き `python3` のあとにスペースを入力し、さらに `04-01` までキーボードで入力します。そして図C-1にならい再び［TAB］キーを入力すると `python3 04-01-led.py` というコマンドが完成します。

　実際には、どの位置で［TAB］キーを入力すればいいかわからないことが多いので、「文字を入力」→「［TAB］キーを入力」をこまめに繰り返すことになります。この補完機能に慣れると、ターミナルでのコマンド入力が格段に楽になりますので、ぜひマスターしてください。

付録D　IPアドレスを用いずにRaspberry Piにアクセスする

　本書の9章や10章では、ブラウザからRaspberry Piにアクセスする際に、ルーターなどからRaspberry Piに割り振られたIPアドレスを用いました。Raspberry PiのIPアドレスがたとえば192.168.1.3だった場合、「`http://192.168.1.3:8000/9-1`」のようなアドレスにアクセスしました。

　しかし、この方法は事前にRaspberry PiのIPアドレスを調べておく必要があり、やや面倒です。

　そこで、IPアドレスを用いずにRaspberry Piにアクセスする方法を紹介します。なお、この方法を主に利用できるのはmacOS、iPhone、iPadです。また、iTunesがインストールされているWindowsでもこの方法は利用可能です。iTunesに含まれるBonjourというソフトウェアの機能を利用するためです。ただし、iTunesはMicrosoft Store版ではなく、「iTunes64Setup.exe」という実行ファイルからインストールするバージョンでなければBonjourはインストールされないようです。このファイルはやや見つけにくく、執筆時は「https://www.apple.com/jp/itunes/」にアクセスしたあと、ページ下部の「ほかのバージョンをお探しですか？」の項目で「Windows」を選択することでダウンロードできました。Androidスマートフォンについての補足は**付録D**の末尾に記します。

　さて、利用方法は簡単で、PCやiPhoneのブラウザのアドレス欄にたとえば「`http://raspberrypi.local:8000/9-1`」ように入力すればOKです。

すなわち、IPアドレス「192.168.1.3」などの代わりに「raspberrypi.local」という記法が使える、というわけです。これは、Raspberry Pi OS上で動作しているAvahiというソフトウェアの働きによります。

この方法で回路の操作用ページにアクセスできるようになると、IPアドレスを調べる必要がなく便利です。特に、10章のキャタピラ式模型では、作成する回路にLCDが不要になり、回路や設定がシンプルになるというメリットがあります。

同じネットワーク内でAvahiが起動したRaspberry Piが2台以上あると、同じ名前「raspberrypi」のマシンが2つ以上ある状態になり、名前の衝突が起こります。その場合、2台目以降のRaspberry Piには「raspberrypi-2.local」などの名前が自動的につけられますのでご注意ください。

なお、以上の方法はAndroidスマートフォンでは利用できません。ただし、「.Local Finder（mDNSによるIP検索）」というアプリケーションをインストールし、Raspberry Piの起動後に「raspberrypi」という名称を検索すると、IPアドレスを知ることができます。そのIPアドレスに9章で紹介した方法でアクセスすればよいでしょう。このアプリケーションは、Google Playを「mDNS」というキーワードで検索すると見つけやすいようです。

付録E 日本語入力ソフトのインストール

日本語入力ソフトのインストールの準備

Raspberry Pi OSには、日本語を入力するソフトがデフォルトでインストールされていません。**付録A**でネットワークに接続したあと、日本語を入力するためのアプリケーションをネットワークからインストールすることができます。

ただし、執筆時はPi 4 BとPi 5において、画面の描画の仕組みを「Wayland」と呼ばれるものから「X11」と呼ばれるものに変更しないと、日本語入力ソフトが正常に動作しませんでした。日本語入力ソフトをインストールしたい方は、次の手順に従い、この設定を行ってください。

まず、ターミナルを起動し、`sudo raspi-config` コマンドを実行します。そうすると、ターミナル上でRaspberry Piの設定を行うアプリケーションが起動します。操作に癖がありますので、矢印キー、[TAB] キー、[Enter] キーの役割を意識しながら次の操作を行ってください。

- キーボードの ［↓］キーを5回押し、「6 Advanced Options」が選択された状態で、[Enter] キーを押す
- キーボードの ［↓］キーを5回押し、「A6 Wayland」が選択された状態で、[Enter] キーを押す
- 「w1 X11」が選択されていることを確認する。そうなっていなければ ［↑］キーで選択された状態にする。そして [Enter] キーを押す
- キーボードの [Enter] キーを押し、「了解」を選択する

付録

- キーボードの［TAB］キーを2回押し、「Finish」が選択された状態にし、［Enter］キーを押すと、OSの再起動を促されるので［Enter］キーを押してそれに従う

以上で画面の描画の仕組みを「X11」に変更できました。次に進みましょう。

日本語入力ソフトのインストール

　ターミナルを起動しましょう。インストールできるパッケージのリストを取得するために、そのウインドウのコマンドプロンプトでコマンド `sudo apt update` を実行します。終了までに数分かかる場合がありますので終わるまで待ちましょう。

　Googleが開発した日本語入力システムMozcをインストールできます。ターミナルで `sudo apt -y install fcitx-mozc` を実行します。インストール後はRaspberry Piを再起動します。その後、キーボードの［半角／全角］キーで日本語入力のオンオフを切り替えられます。

　なお、キーボードの設定が日本語キーボードから英語キーボードに戻ってしまった場合、デスクトップ右上のキーボードのアイコンを右クリックして「設定」を起動し、「入力メソッド」に対して「キーボード - 日本語」を追加して一番上に配置すれば日本語キーボードに戻ります。

日本語フォントのインストール

　また、デスクトップのメニュー等の日本語文字は不自然な字体で表示されていることがあります。ターミナルで `sudo apt -y install fonts-vlgothic` を実行して日本語フォントをインストールし、Raspberry Piを再起動すれば、よりきれいな字体でメニュー等が表示されるようになります。

付録F　青色LEDに順方向電圧をかけて点滅させる（上級者向け）

　ここでは、4章を学び終えた上級者向けに「青色LEDを明るく点滅させる」という演習を紹介します。この演習では、4章で使用した物品のほかに、**表F-1** に示す追加物品が必要になります。

付録 F　青色 LED に順方向電圧をかけて点滅させる（上級者向け）

表F-1　本節で必要な物品

物品	備考
青色LED1個	必須。秋月電子通商の販売コード106411（10個入）など
100 Ωの抵抗1本	必須。多くの場合、カラーコードは「茶、黒、茶、金」。秋月電子通商の販売コード125101（100本入）、千石電商のコード8ASS-6UHG（10本から）など
10k Ωの抵抗1本	必須。多くの場合、カラーコードは「茶、黒、オレンジ、金」。秋月電子通商のパーツセットに含まれている。単品で購入する場合は秋月電子通商の販売コード125103（100本入）、千石電商のコード7A4S-6FJ4（10本から）など
トランジスタ 2SC1815-Y、2SC1815-GR、2SC1815-BLのうちどれか1つ	必須。秋月電子通商の販売コード117089、千石電商のコードEEHD-4ZNHなど
ブレッドボード用ジャンパーワイヤ（ジャンプワイヤ）（オス-オス）	必須。秋月電子通商のパーツセットに含まれている

F.1　トランジスタを用いた回路

3章と4章では、LEDの取扱いを学びました。LEDには順方向降下電圧 V_f があり、そのときに流れる電流は10mAや20mA程度であることが多いのでした。

4.2で触れたように、Raspberry PiのGPIOに流すことのできる電流のデフォルト値は8mAとされていますので、このLEDに10mAや20mAを流すべきではありません。また、青色のLEDの多くは $V_f = 3.4V$ 程度であることが多いのですが、Raspberry PiのGPIOの3.3Vではこの電圧に足りません。

LEDに流れる電流が8mAでも十分明るいですし、青色LEDに与える電圧が3.3Vであっても（多少暗いですが）点灯はしますので、実用上は大きな問題はありません。しかし、LEDに10mA〜20mAの電流を流す方法や、青色LEDに3.3V以上の電圧をかけて点滅させる方法を知っておくことは有用ですのでここで学んでおきましょう。ただし、5Vピンを用いること、他の章では用いないトランジスタを用いることなどから、本項の内容は上級者向けとします。

目標は、青色LEDに順方向電圧をかけて点滅させることとしましょう。必要な回路を**図F-1**に示します。

付録

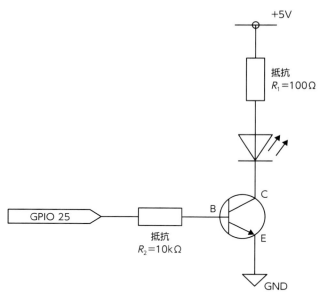

図F-1　青色LEDを明るく点滅させるための回路図

　右下に丸で囲まれた図記号で表された部品がありますが、これをトランジスタ（特にNPNトランジスタと呼ばれるもの）といいます。トランジスタには3つの端子があり、それぞれ「コレクタ（C）」、「ベース（B）」、「エミッタ（E）」と呼ばれます。このトランジスタを、ここではスイッチとして用います。そのためには、GPIO 25からトランジスタのベース（B）へ流れる電流のh_{FE}倍（「直流電流増幅率」といいます）が5Vピンからコレクタ（C）へ向かって流れる、という性質を用います。

　図F-2に即していえば、GPIO 25がHIGHのときはLEDに電流が流れてLEDが点灯し、LOWのときは電流が流れずLEDは点灯しない、ということになります。このとき、青色LEDは、抵抗を介して順方向降下電圧V_fよりも大きい5Vのピンに接続されていますから、明るく点滅させることができるわけです。

付録 F　青色 LED に順方向電圧をかけて点滅させる（上級者向け）

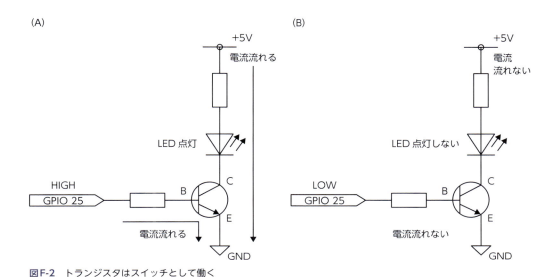

図F-2　トランジスタはスイッチとして働く

　この回路をブレッドボード上で実現するとたとえば**図F-3**のようになるでしょう。**04-02-led.py**を実行し、青色 LED が明るく点滅することを確かめてください。

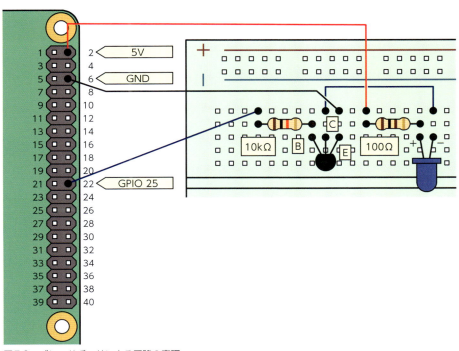

図F-3　ブレッドボードによる回路の実現

付録

● F.2　抵抗値の決定方法

さて、図F-3では5VピンにはR$_1$＝100Ωの、GPIO 25にはR$_2$＝10kΩの抵抗を接続しました。このR$_1$とR$_2$の決定方法を学びましょう。

まずは、LEDが点灯している状態を考えます。この青色LEDに対し、V_f＝3.4Vで流す電流が20mAであるとしましょう。また、このときトランジスタの性質より、トランジスタの「コレクタ（C）」と「エミッタ（E）」の間の電圧はほぼ0Vです。そのため、20mA（0.020A）の電流を流すためには、オームの法則よりR_1を次のように定める必要があります。

$$R_1 = (5 - 3.4)/0.020 = 80\,\Omega$$

これより抵抗が大きく、入手しやすい抵抗として、100Ωを選びました。

次に、R_2の計算です。LEDに0.020Aが流れるとき、R_2の抵抗には$0.020/h_{FE}$Aの電流が流れます。h_{FE}は、トランジスタの種類によりさまざまな値を取りますが、ここでは典型的な値として、h_{FE}＝100を用いましょう。

トランジスタの「ベース（B）」と「エミッタ（E）」の間の電圧はほぼ0.6Vを取ることがやはりトランジスタの性質として知られており、さらにGPIO 25はHIGH状態のとき3.3Vですから、オームの法則より次のようになります。

$$R_2 = (3.3 - 0.6)/(0.020/h_{FE}) = 2.7/(0.020/100) = 13500\,\Omega = 13.5\text{k}\,\Omega$$

これに近く、入手しやすい抵抗として10kΩを選びました。

以上、青色LEDに20mAの電流を流すための回路と、その抵抗値の算出方法を学びました。この電流20mAはGPIOではなく5Vピンを通して流れることに注意してください。青色LEDに限らず、10mA～20mAの電流をLEDに流したい場合は、この方法を用います。ただし、R_1の計算はそのLEDのV_fに応じて計算し直す必要があります。

おわりに

本書ではプログラミング言語Pythonを用いてRaspberry Piでの電子工作の基礎を学んできました。LED、スイッチ、センサ、モーターなどを用いた入出力に加え、スマートフォンやタブレットとの連携までを体験しました。これらの体験を通じて、皆さんにプログラミングや電子工作を「楽しい」と感じていただけたら幸いです。

また、本書で得た知識を用いて、自分だけのアイディアをいかした工作に取り組んでみたい、という方もいるでしょう。そのような応用事例を紹介した書籍を選ぶ際には、用いられている言語がPythonであるかどうかをチェックしてください。さらに、その書籍がPi 5に対応していることも確認しましょう。「はじめに」で述べたように、Pi 5発売以前に書かれた電子工作用プログラムは、Pi 5で動作しない可能性があるためです。

本書を執筆している2024年8月の時点では、そのような「Pi 5対応」の書籍は多くはありません。筆者が過去に執筆したRaspberry Pi用の書籍でも、掲載したプログラムがPi 5では動作しなくなってしまいました。

しかし、筆者による下記の書籍ではサポートサイトでPi 5対応プログラムを配布しておりますので、興味のある方はご覧いただけると幸いです。機械学習の書籍は、電子工作の作品に「知能」を持たせたい方に向いています。

『実例で学ぶRaspberry Pi電子工作』金丸隆志著　講談社（2015）
『カラー図解 Raspberry Piではじめる機械学習』金丸隆志著　講談社（2018）

また、以下のようなムックや雑誌では、最新の情報に触れやすいでしょう。

『ラズパイマガジン』日経BP社（年数回発行のムック）
『インターフェース』CQ出版社（Raspberry Piがしばしば特集される月刊誌）

参考文献

1章で紹介した、Eben Upton氏がRaspberry Piを作ることになったきっかけは、下記の書籍に記されています。

『Raspberry Piユーザーガイド 第2版』 Eben Upton、Gareth Halfacree著　インプレス（2014）
『Raspberry Piではじめるどきどきプログラミング 増補改訂第2版』 阿部和広監修・著、石原淳也、塩野禎隆、星野尚著　日経BP社（2016）

参考文献

　2章以降の参考文献は、すべて英語で書かれたウェブサイトとなっています。英語で書かれたウェブサイトを参考にした理由は、Raspberry Piは英国で開発されたものであり、網羅的な情報に関しては海外に一日の長があるからです。

　以下の公式情報からはRaspberry Piのハードウェアに関してたくさんの情報が得られます。各バージョンで必要とされる電流は「Power Supply」セクションで、用いられているレギュレータやパワーマネージメントチップは「Schematics and mechanical drawings」セクションで一部知ることができます。

- Raspberry Pi hardware
  https://www.raspberrypi.com/documentation/computers/raspberry-pi.html

　本書でGPIOを操作するために用いているライブラリgpiozeroについての情報は下記で得られます。ドキュメントが豊富ですので、プログラミングに慣れた方ならこのサイトの解説だけでプログラムを書けるようになるでしょう。

- gpiozero
  https://gpiozero.readthedocs.io/en/latest/

　以下はRaspberry Piの公式の掲示板です。「OSのカーネル（核）を更新したらプログラムが動かなくなった」などのトラブルについての情報はこのフォーラムで見つけられることが多く、筆者もよく利用します。また、「Pi 5でハードウェアPWMを出力する方法」などのように、インターネット上の情報が少ない内容についても、ここで見つけることができました。ただし、膨大なトピックからどのような情報を見つけたいのかを明確にしてから検索する必要があるため、初心者のうちにこのフォーラムを活用するのは難しいかもしれません。

- Raspberry Pi 公式フォーラム
  https://forums.raspberrypi.com/

　9章、10章で用いた、ウェブサーバーを構築するためのウェブフレームワークFastAPIの公式ページは以下です。FastAPIを利用することは、HTML/JavaScriptのような、ウェブページを作成する技術の習得が前提とされますので、ややハードルが高いといえます。ブログなどで有志が公開している利用例を真似するところから始めるのが良いかもしれません。

- FastAPI
  https://fastapi.tiangolo.com/

索 引　Index

記号

#	89, 138, 143
&	142, 223, 225
:	71, 90

アルファベット

ACアダプタ	19
ADコンバータ	108, 111, 154
AD変換	110
apt	102
Arduino	5, 10, 70, 99, 112, 151
Bookworm	27
/boot/firmware/config.txt	169
Bullseye	27, 97
CdSセル	109
Chromium	37, 38
CSS	176, 185
Ctrl-C	74, 241
DCモーター	147, 161, 198
defによる関数の定義	95
DVI-D接続	21, 104
elif	165
else	90
/etc/rc.local	141, 221
except	76
FastAPI	180
Firefox	37
git	238
GND	49
GPIO	52, 65
gpiozero	70
HDMI接続	21
HIGH	66
HTML	176, 185

I2C	124, 126, 190
i2cdetect	129, 133
if	90
import文	70
IPアドレス	181, 220, 242
JavaScript	176, 185
LCD	124, 132, 220
LED	43, 51, 65, 86, 120, 154, 183
LED（Raspberry Pi本体の）	33, 40, 142
Legacy OS	27, 97, 169
Linux系OS	7, 14
LOW	66
LXTerminal	38, 102, 128, 237
microSDカード	17
mousepad	141, 169, 185
MP3ファイル	104
mplayer	104
OS	7, 25
Pi 3 A+	16
Pi 3 B/B+	16
Pi 4 B	16
Pi 5	16
Pi Zero 2 W	16
Pi Zero WH	16
PWM	146
PWM信号	149
Python	8, 68
Raspberry Pi	2, 9, 15
Raspberry Pi Imager	25
Raspberry Pi OS	25
Raspberry Pi Pico	6, 10, 112
raspi-config	243
rc.local	141, 221
RGBフルカラーLED	147, 157, 193

251

SoC 9, 33, 54, 66	共通アノード 157, 193
SPI通信 112, 115	共通カソード 157, 193
sudo 102, 141, 169	グラウンド 49
systemctl...220, 229	警告 74, 102, 141
[TAB] キー 71, 240	ケース 23, 214
Thonny 68	コマンド 102, 237
try 75	コマンドプロンプト 102, 237
USB Type-C 19, 212	コメント 89, 138, 143
USB メモリ 237	コンデンサ 147, 167, 212
while ループ 70	
Wifi.................................16, 36, 38, 179, 236	

あ行

アームクローラー 210	サービス 219
青色LED 244	サーボモーター 147, 150, 168, 203, 230
圧縮ファイル 239	再起動 （Reboot）...................................... 40
アナログ...110	サンプルファイルのダウンロード 237
アノード 51, 157, 193	サンプルファイルを開く 69
イベント 93	字下げ 71, 76, 240
インデント 71	自動実行............................... 141, 219, 221
ウェブサーバー 7, 11, 179	自動実行の無効化 143, 228
液晶 124	シャットダウン （Shutdown）................................ 40
エラーメッセージ 73	シャットダウンボタン 106, 223
オームの法則 50, 248	ジャンパーワイヤ （ジャンプワイヤ）.......................... 44
オペレーティングシステム 7	周期 149, 172
温度センサ 124, 190	周波数 150, 155

か行

	順方向降下電圧 58, 245
カーネル.......................................8, 39, 126	条件分岐.. 90
開発環境.. 68	初期化処理 70, 76, 96
回路図 46	シリアル通信 124
カソード 51, 157, 193	図記号 46
カメラモジュール................................. 81, 100, 224	設定用アプリケーション 39
カラーコード 43, 60	セラミックコンデンサ 147, 167, 212
関数 95	ソフトウェアPWM信号................................152, 156
管理者権限 102, 141, 169	

た行

キーボード 18	ターミナル 38, 102, 128, 237
疑似的なアナログ信号 150	タクトスイッチ 80, 223
	タッチイベント 198
	直列接続..52

ツインモーターギヤーボックス 211
通信方式 112
抵抗 43, 48, 60
ディスプレイ 21
テキストエディタ 141, 169, 185
デジタル 110
デジタル温度計 140
デスクトップ 38
デューティ比 149, 155, 172
電圧 20, 46, 54, 66
電位 49
電源 19, 32, 54
電流 20, 46, 54, 66
電流制限抵抗 58
トグル動作 93, 98, 187
トランジスタ 245

な行

日本語入力ソフト 244
日本語フォント 244
ネガティブエッジ 94, 97
ネットワーク 24, 36, 39, 178, 236
ノイズ対策 148, 163, 166

は行

パーツセット（秋月電子通商の）........................... 44
ハードウェアPWM信号............................151, 168
パスワード 35, 39
発光ダイオード 42, 51
パルス 149
半固定抵抗 109, 113, 154
はんだづけ 125
ピンヘッダ 125
ファイルマネージャ 38, 238
フォーマット 31
フォトレジスタ 109, 119
ブラウザ..37, 39, 179
プルアップ抵抗 83, 88, 91, 127

プルダウン抵抗 83, 88, 91
ブレッドボード 44
プログラムの実行 72
プログラムの自動実行 141, 219, 221
プログラムの自動実行の無効化...................143, 228
プログラムの終了 74
プログラムを保存 72
ブロック..71, 76
変数 70, 88, 97
ポート番号 184, 225
ホームフォルダ 224, 238, 241
ポジティブエッジ..94, 97

ま行

マイクロHDMI 22
マウス 18
ミニHDMI... 23
モータードライバ 148, 161

や行、ら行

ユーザー名 35
ユニバーサル基板...211
レギュレータ 54, 66

■ 著者プロフィール

金丸 隆志（かなまる たかし）

1973年北海道生まれ。博士（工学）。工学院大学先進工学部機械理工学科教授。専門は計算論的神経科学および非線形力学。2001年、東京大学大学院工学系研究科先端学際工学専攻修了。2001年〜2005年、東京農工大学工学部電気電子工学科助手を経て、現職に至る。主な著書は『Excel/OpenOfficeで学ぶフーリエ変換入門』（ソフトバンククリエイティブ）、『カラー図解 Raspberry Piではじめる機械学習』、『高校数学からはじめるディープラーニング』（ともに講談社ブルーバックス）など。

カバーデザイン・イラスト ◆ 嶋 健夫（トップスタジオデザイン室）
　　　本文デザイン ◆ 阿保 裕美（トップスタジオデザイン室）
　　　編集・DTP ◆ 株式会社トップスタジオ
　　　　　進行 ◆ 佐藤 丈樹（株式会社技術評論社）

ラズパイ5対応
カラー図解 最新 Raspberry Piで学ぶ電子工作

2024年10月16日　初版　第1刷発行

著　者　　金丸 隆志
発行者　　片岡 巌
発行所　　株式会社技術評論社
　　　　　東京都新宿区市谷左内町21-13
　　　　　電話　03-3513-6150　販売促進部
　　　　　　　　03-3267-2270　書籍編集部
印刷／製本　港北メディアサービス株式会社

定価はカバーに表示してあります。

本書の一部または全部を著作権法の定める範囲を超え、無断で複写、複製、転載、テープ化、あるいはファイルに落とすことを禁じます。

©2024 金丸 隆志

造本には細心の注意を払っておりますが、万一、乱丁（ページの乱れ）や落丁（ページの抜け）がございましたら、小社販売促進部までお送りください。送料小社負担にてお取り替えいたします。

ISBN978-4-297-14431-9 C3055

Printed in Japan

● 本書に関する最新情報は、技術評論社ホームページ（https://gihyo.jp/book/）をご覧ください。下記QRコードからは、書籍情報ページ（https://gihyo.jp/book/2024/978-4-297-14431-9）へ直接アクセスできます。

● 本書へのご意見、ご感想は、技術評論社ホームページ（https://gihyo.jp/book/）または以下の宛先へ、書面にてお受けしております。電話でのお問い合わせにはお答えいたしかねますので、あらかじめご了承ください。

〒162-0846　東京都新宿区市谷左内町21-13
株式会社技術評論社　書籍編集部
『ラズパイ5対応
カラー図解 最新 Raspberry Piで学ぶ電子工作』係
FAX：03-3267-2271